今すぐ使える\
かんたん\
mini

Office 2021／Microsoft 365 ［両対応］

Excel
関数の
基本と便利が
これ1冊でわかる本

リンクアップ 著

技術評論社

本書の使い方

☑ 画面の手順解説だけを読めば、操作できるようになる!
☑ もっと詳しく知りたい人は、補足説明を読んで納得!
☑ これだけは覚えておきたい機能を厳選して紹介!

特長1

機能ごとに
まとまっているので、
「やりたいこと」が
すぐに見つかる!

Section
13

SUM関数で
合計を求めよう

書式

=SUM(数値1,[数値2],…)
数値の合計を求める

引数に設定した複数の数値を足し算し、合計を求める関数です。売上一覧表や在庫管理表など、さまざまな表で利用する基本の関数であり、利用頻度の高い関数です。
そのため、[ホーム]タブの[編集]グループにある[合計](Σ)をクリックするだけで利用できるオートSUMや、ショートカットキーの割り当てなどの機能があります。

戻り値を表示させたいセルを選択して、
[Alt]を押しながら[Shift]と[=]を押すと、
SUM関数が設定されます

引数

数値 数値や数値が入力されているセル、セル範囲を指定します。セルが隣接していたら「A1:B8」のように「:」(コロン)を始点のセルと終点のセルではさみ、離れていたら「,」(カンマ)で区切ります。セル内に空白、文字列、論理値(TRUEまたはFALSE)が含まれている場合は無視されます。

詳細解説

関数の用途や各引数
の内容を丁寧に解説
しているので理解し
ながら操作できる!

特長2

やわらかい上質な紙を
使っているので、
片手でも開きやすい！

特長3

大きな操作画面で
該当箇所を
囲んでいるので
よくわかる！

1 隣接するセルの数値を合計する

=SUM(C2:C4)

C2セルからC4セルの値を合計する

Chapter **3** 関数で基本の計算をしよう

合計した結果が表示される

C2:C4 隣接したセルを引数に指定する場合、「:」を始点のセルと終点のセ
ルではさみます。

複数の隣接するセルを
引数に指定するには、
「C2:C4,C6:C8」と
入力します

補足説明

操作の補足的な内容
を適宜配置！

補足説明

便利な機能

応用操作解説

Memo オートSUMで自動的に計算する

結果を表示させたいセルを選択し、[ホー
ム] タブの [編集] グループにある [合計]
（Σ）をクリックすると、自動的に SUM 関
数が使われ合計されます。

59

3

パソコンの基本操作

- ☑ 本書の解説は、基本的にマウスを使って操作することを前提としています。
- ☑ お使いのパソコンのタッチパッド、タッチ対応モニターを使って操作する場合は、各操作を次のように読み替えてください。

1 マウス操作

●クリック（左クリック）

クリック（左クリック）の操作は、画面上にある要素やメニューの項目を選択したり、ボタンを押したりする際に使います。

マウスの左ボタンを1回押します。

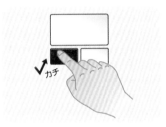

タッチパッドの左ボタン（機種によっては左下の領域）を1回押します。

●右クリック

右クリックの操作は、操作対象に関する特別なメニューを表示する場合などに使います。

マウスの右ボタンを1回押します。

タッチパッドの右ボタン（機種によっては右下の領域）を1回押します。

●ダブルクリック

ダブルクリックの操作は、各種アプリを起動したり、ファイルやフォルダーなどを開く際に使います。

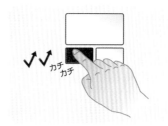

マウスの左ボタンをすばやく2回押します。

タッチパッドの左ボタン（機種によっては左下の領域）をすばやく2回押します。

●ドラッグ

ドラッグの操作は、画面上の操作対象を別の場所に移動したり、操作対象のサイズを変更する際などに使います。

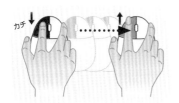

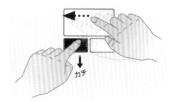

マウスの左ボタンを押したまま、マウスを動かします。目的の操作が完了したら、左ボタンから指を離します。

タッチパッドの左ボタン（機種によっては左下の領域）を押したまま、タッチパッドを指でなぞります。目的の操作が完了したら、左ボタンから指を離します。

Memo ホイールの使い方

ほとんどのマウスには、左ボタンと右ボタンの間にホイールが付いています。ホイールを上下に回転させると、Webページなどの画面を上下にスクロールすることができます。そのほかにも、Ctrl を押しながらホイールを回転させると、画面を拡大／縮小したり、フォルダーのアイコンの大きさを変えたりできます。

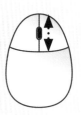

サンプルファイルのダウンロード

本書で使用しているサンプルファイルは、以下のURLのサポートページからダウンロードすることができます。ダウンロードしたときは圧縮ファイルの状態なので、展開してから使用してください。

https://gihyo.jp/book/2023/978-4-297-13445-7/support

サンプルファイルをダウンロードする

1 ブラウザー（ここでは Microsoft Edge）を起動します。

```
← C  ⊕ https://gihyo.jp/book/2023/978-4-297-13445-7/support
```

2 ここをクリックして URL を入力し、[Enter] を押します。

3 表示された画面をスクロールし、[ダウンロード]にある[サンプルファイル]をクリックします。

（2023年3月29日更新）

送付案内

ダウンロード
サンプルファイル（miniExcel_kansuu_sample.zip）

技術評論社販売促進部のツイッターはこちら
@gihyo_hansoku

4 [ファイルを開く]をクリックします。

- 書籍シリーズ一覧
- 新刊ピックアップ
- ロングセラー
- 電脳会議

ダウンロード

miniExcel_kansuu_sample.zip
ファイルを開く

ダウンロードした圧縮ファイルを展開する

1 エクスプローラーの画面が開くので、

2 表示されたフォルダーをクリックし、デスクトップにドラッグします。

3 展開されたフォルダーがデスクトップに表示されます。

4 展開されたフォルダーをダブルクリックすると、

5 各章のフォルダーが表示されます。

Memo

保護ビューが表示された場合

サンプルファイルを開くと、図のようなメッセージが表示されます。［編集を有効にする］をクリックすると、本書と同様の画面表示になり、操作を行うことができます。

ここをクリックします。

編集を有効にする(E)

Contents

Chapter 1 関数の基礎を知ろう

Chapter
4 関数で
日付と時間を扱おう

Chapter 5 関数で文字列を扱おう

Chapter 6

関数で
順位付けしよう

Chapter
7

関数で
条件を設定しよう

Chapter 8 | VLOOKUP関数を
使ってみよう

Appendix 関数をもっと使いこなそう

ご注意：ご購入・ご利用の前に必ずお読みください

● 本書に記載された内容は、情報の提供のみを目的としています。したがって、本書を用いた運用は、必ずお客様自身の責任と判断によって行ってください。これらの情報の運用の結果について、技術評論社および著者はいかなる責任も負いません。

● 本書の説明では、OSは「Windows 11」、 Excelは「Excel 2021」を使用しています。それ以外のOSやExcelのバージョンでは画面内容が異なる場合があります。あらかじめご了承ください。

● ソフトウェアに関する記述は、特に断りのない限り、2023年3月末日現在での最新バージョンをもとにしています。ソフトウェアはバージョンアップされる場合があり、本書での説明とは機能内容や画面図などが異なってしまうこともあり得ます。あらかじめご了承ください。

以上の注意事項をご承諾いただいた上で、本書をご利用願います。これらの注意事項をお読みいただかずに、お問い合わせいただいても、技術評論社および著者は対処しかねます。あらかじめご承知おきください。

■ 本書に掲載した会社名、プログラム名、システム名などは、米国およびその他の国における登録商標または商標です。本文中では™、®マークは明記していません。

Chapter

1

関数の基礎を知ろう

関数とは

1 Excelの関数とは

Microsoftの表計算アプリである「Excel」では、表計算ができるほかに、グラフを作成したりデータベースを作成したりすることができます。その中で特に有名な機能として、「計算」と「関数」があります。本書では主にこのうちの関数について解説します。

関数とは、書き方のルール（書式）が定められている数式です。数値やセル番地を用いた計算だけではなく、データの検索や判定、文字列の操作も行えるため、目的に応じてさまざまな計算や処理を行うことができます。さらに、「月間の売上の合計と平均額を計算する」「名前を選択して生徒ごとの成績を表示する」といった複雑な操作も関数の組み合わせで対応できます。効率よくExcelを使いこなすうえでは必須の機能だといえるでしょう。

日付	大人 来客者数	こども 来客者数	入場料収入	目標達成
2月1日	80	32	185,600	達成
2月2日	67	18	148,400	
2月3日	59	13	128,400	
2月4日	74	21	164,800	達成
2月5日	89	37	207,600	達成
2月6日	55	9	117,200	

E3 = =IF(D3>150000,"達成","")

② 関数でどのようなことができる?

関数では合計や平均の計算や、データの抽出ができることを紹介しましたが、それだけでは便利な機能とはいえません。関数の種類はExcel 2021の時点で510個あります。かんたんな計算から複雑な計算まで、使う人や異なるビジネスシーンなどさまざまな用途で使うことができます。

順位付けができる

	A	B	C	D	E	F
C3		=RANK.EQ(B3,$B$3:$B$8,0)				
1	1月売上成績					
2	支店名	売上金額	順位			
3	札幌店	39,180,000	5			
4	仙台店	37,810,000	6			
5	東京店	56,910,000	1			
6	名古屋店	49,010,000	3			
7	大阪店	51,920,000	2			
8	福岡店	42,030,000	4			
9						

> RANK.EQ関数を使うと、データを昇順・降順に並べ替えることなく、順序を付けることができます (114ページ参照)。

条件の合否で処理できる

	A	B	C	D	E
E3			=IF(D3>150000,"達成","")		
1	2月入場料成績				
2	日付	大人来客者数	こども来客者数	入場料収入	目標達成
3	2月1日	80	32	185,600	達成
4	2月2日	67	18	148,400	
5	2月3日	59	13	128,400	
6	2月4日	74	21	164,800	達成
7	2月5日	89	37	207,600	達成
8	2月6日	55	9	117,200	
9					

> IF関数を使うと、データが条件に合っているなら合、合っていないなら否といった表示をかんたんに出すことができます (130ページ参照)。

表を検索してデータを抽出できる

	A	B	C	D	E
D11			=VLOOKUP(A11,A2:D8,4,FALSE)		
1	種類+産地	種類	産地	単価	
2	焙煎豆ブラジル	焙煎豆	ブラジル	800	
3	生豆ブラジル	生豆	ブラジル	3,000	
4	焙煎豆エチオピア	焙煎豆	エチオピア	1,000	
5	粉ブラジル	粉	ブラジル	600	
6	粉ケニア	粉	ケニア	800	
7	粉ハワイ	粉	ハワイ	1,200	
8	生豆エチオピア	生豆	エチオピア	3,200	
9					
10	種類+産地	種類	産地	単価	
11	焙煎豆エチオピア	焙煎豆	エチオピア	1,000	
12					

> VLOOKUP関数を使うと、表を縦方向に検索し、特定のデータに対応する値を取り出すことができます (156ページ参照)。

関数の書式を知ろう

1 定められているルールに従い入力する

「○○から○○までの平均値を出したい」「データの並び順を数値の大きい順に並べ替えたい」など、関数で計算や処理の結果を求めたいときに、ルールに従って入力するのが数式です。

セルに関数のルールに従った数値や文字列などの値を設定した書式を入力し、Enter を押すとルール通りに正しく入力されていたら結果が表示され、そのセルを選択しているときには数式バーに書式が表示されます。ルールに従われていない入力の場合はエラーが表示されます。

なお、書式に使う値を「**引数（ひきすう）**」、表示される結果を「**戻り値（もどりち）**」といいます。

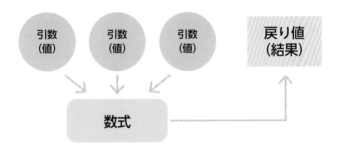

Memo 本書での関数の入力について

関数の入力は数式バーの左にある［関数の挿入］（f_x）をクリックして表示される［関数の挿入］画面から挿入することもできますが、本書ではセルや数式バーに直接手入力する方法で解説します。なお［関数の挿入］画面から挿入する場合でも、基本的なことは同じなので、同様に設定できます（24 〜 25 ページ参照）。

② 書式の基本ルール

関数にはそれぞれ書式が決められており、その書式に従って入力する必要があります。まずは基本となる下記のルールを覚えましょう。

---

1. 半角の英数字で入力する
2. 関数は「=」(イコール)ではじめる
3. 引数は「()」(カッコ)ではさむ
4. 複数の引数は「,」(半角カンマ)で区切る

=関数名(引数1,引数2,引数3……)

| × ✓ | f_x | =SUM(C5,C9) |

これはExcel関数の
基本となるので
しっかり覚えましょう

Hint

そのほかの書式のルール

上記の4つのルールは基本のルールとなりますが、そのほかにも以下のような書式のルールがあります。

- 引数の文字列は「"」(ダブルクォーテーション)ではさむ
- 範囲を表すには「A1:D8」のように「:」(コロン)を始点のセルと終点のセルではさむ
- 複数の関数を組み合わせることもできる(50ページ参照)

数式と値の違いを知ろう

直接入力した数値や文字列が「値」

セルに数値や文字列などの「値」を直接入力すると、そのままセルに表示され、さらに数式バーにも入力した値が表示されます。このセルをコピーして、ほかのセルに貼り付けた場合、そのまま値が貼り付け先のセルに表示されるようになります。

C3セル、C4セル、C5セルは、直接入力した値

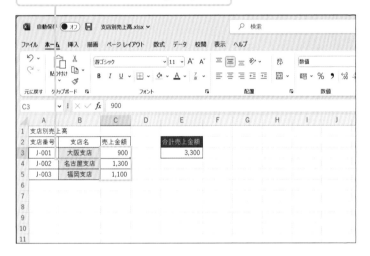

ほとんどの関数では、
引数に値を設定します

TODAY関数
（76ページ参照）や
RAND関数など、
引数を設定しない
関数もあります

② 関数などを使った計算式は「数式」

一方、関数を使った数式をセルに入力した場合、セルには戻り値として数値や文字列が表示されます。一見すると「値」と同じように見えますが、数式バーにはセルの表示とは異なり、関数を利用した数式が表示されます。このときセルをコピーすると、貼り付け先のセルには数式がコピーされ、セルにはコピー元のセルと異なった数値や文字列、エラーなどが表示されます。

C3セル、C4セル、C5セルに入力された値の合計を計算
する数式の戻り値が入力されている

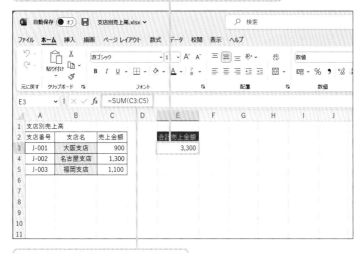

数式バーには数式が表示されている

Hint セルを見ただけではわからない

セルに入力されているものが値なのか数式なのかはセルを見ただけでは判断できません。セルを選択し、数式バーの表示を確認することで、どちらなのかがわかります。

4

関数を入力しよう

1 4つの入力方法を確認する

❶オートSUM

気軽に関数を入力できるのが、「オートSUM」です。関数を入力したいセルをクリックし、[ホーム]タブの[編集]グループにある[オートSUM]（∑）の右の∨をクリックし、5つの関数の機能の中から使いたいものをクリックすると、引数の範囲が自動設定され、関数が入力されます。便利ですが、すぐに利用できる関数は5つのみです。

❷関数ライブラリ

利用する関数が決まっている場合は、「関数ライブラリ」での入力が便利です。関数を入力したいセルをクリックし、[数式]タブの[関数ライブラリ]グループの中にある[財務][日付／時刻]など各ジャンルをクリックすると、関数の選択ができるので、次の画面で引数を設定しましょう。

❸［関数の挿入］画面

関数を使って作業をしたいが具体的にどのような関数を使えばよいかがわからない、というときには「関数の挿入」が便利です。関数を入力したいセルをクリックし、数式バーの左にある［関数の挿入］（fx）をクリックすると、［関数の挿入］画面が表示されます。この画面で「関数の検索」にキーワードを入力して［検索開始］をクリック、または「関数の分類」の⌄をクリックして［財務］［日付/時刻］など各ジャンルを指定すると、「関数名」の一覧に該当する関数が表示されます。関数を選択して［OK］をクリックし、次の画面で引数を設定しましょう。

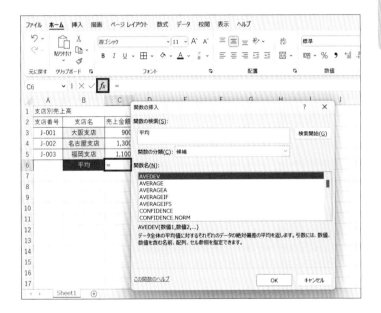

❹直接入力

これまでの3つの入力方法よりもシンプルなのが、セルに直接関数を入力する方法です。入力ミスなどのリスクはありますが、上記の方法では利用できない関数も、直接入力すれば利用可能です。何度も利用する関数は手入力で、使い慣れていない関数はそのほかの方法で、など使い分けてもよいでしょう。

② セルに関数を直接入力する

1 関数を入力したいセルを選択し、

ここではセルの
合計を求めています

	A	B	C	D	E
	C6		fx		
1	支店別売上高				
2	支店番号	支店名	売上金額		
3	J-001	大阪支店	900		
4	J-002	名古屋支店	1,300		
5	J-003	福岡支店	1,100		
6		合計			
7					

2 「=」(イコール)を入力して、

	A	B	C	D	E
	SUM		fx =		
1	支店別売上高				
2	支店番号	支店名	売上金額		
3	J-001	大阪支店	900		
4	J-002	名古屋支店	1,300		
5	J-003	福岡支店	1,100		
6		合計	=		

3 関数名を入力すると、

4 関数の候補が表示されます。

関数の入力は
小文字でOKです

	A	B	C	D	E
	SUM		fx =su		
1	支店別売上高				
2	支店番号	支店名	売上金額		
3	J-001	大阪支店	900		
4	J-002	名古屋支店	1,300		
5	J-003	福岡支店	1,100		
6		合計	=su		
7			SUBSTITUTE		文字列中の
8			SUBTOTAL		
9			SUM		
10			SUMIF		
11			SUMIFS		
12			SUMPRODUCT		
13			SUMSQ		
14			SUMX2MY2		
15			SUMX2PY2		
16			SUMXMY2		

5 ↓を押して利用したい関数（ここでは「SUM」）を選択し、Tabを押します。

間違えてEnterを押さないように気を付けましょう

	A	B	C	D	E
1	支店別売上高				
2	支店番号	支店名	売上金額		
3	J-001	大阪支店	900		
4	J-002	名古屋支店	1,300		
5	J-003	福岡支店	1,100		
6		合計	=su		

@SUBSTITUTE
@SUBTOTAL
@SUM
@SUMIF
@SUMIFS
@SUMPRODUCT

6 関数と「(」（開きカッコ）がセル内に入力されます。

SUM   ＝SUM(

	A	B	C	D	E
1	支店別売上高				
2	支店番号	支店名	売上金額		
3	J-001	大阪支店	900		
4	J-002	名古屋支店	1,300		
5	J-003	福岡支店	1,100		
6		合計	=SUM(		

SUM(**数値1**, [数値2], ...)

7 引数となるセルの範囲を入力し、「)」（閉じカッコ）を入力して、Enterを押すと、

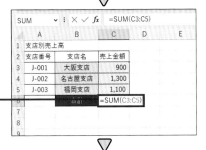

SUM   ＝SUM(C3:C5)

	A	B	C	D	E
1	支店別売上高				
2	支店番号	支店名	売上金額		
3	J-001	大阪支店	900		
4	J-002	名古屋支店	1,300		
5	J-003	福岡支店	1,100		
6		合計	=SUM(C3:C5)		

8 関数が入力され、戻り値が表示されます。

C7

	A	B	C	D	E
1	支店別売上高				
2	支店番号	支店名	売上金額		
3	J-001	大阪支店	900		
4	J-002	名古屋支店	1,300		
5	J-003	福岡支店	1,100		
6		合計	3,300		

セルの値で計算しよう

数式で四則演算ができる

セルに入力した値をもとに、数式を使って足し算、引き算、掛け算、割り算の四則演算を行えます。計算する場合は、セルまたは数式バーで先頭に「=」(イコール)を付け、半角の演算子記号を利用します。

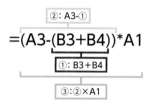

②: A3-①

=(A3-(B3+B4))*A1

①: B3+B4

③: ②×A1

数値を入力して
利用することも
できます

Hint 計算される優先度を確認

数式内で計算を行う場合、優先度の高い演算子から計算されます。また、「()」(カッコ)を利用した場合は「()」内の計算が優先されます(「()」内に「()」がある場合はそちらが最優先となります)。

優先度	種類	記号
1	パーセンテージ	「%」(パーセント)
2	累乗	「^」(キャレット)
3	掛け算	「*」(アスタリスク)
	割り算	「/」(スラッシュ)
4	足し算	「+」(プラス)
	引き算	「-」(マイナス)

複数の「()」が入る場合
でもすべて「()」を
利用します

2 セルに計算式を直接入力する

1 計算を行いたい
セルを選択して「=」を
入力し、

2 引数となるセルと
演算子記号を利用して
計算式を入力し、
Enter を押すと、

セルは直接入力
ではなく、該当セルを
クリックすることでも
入力できます

3 セルに戻り値が
表示されます。

セルではなく、数式バーに
計算式を入力しても
計算されます

6

関数を修正しよう

関数名を修正する

関数を使って戻り値を表示させたあとでも、セルから関数を上書きしたり、「関数ライブラリ」を利用したりして修正ができます。また、引数もセルで上書して修正したり、マウスで範囲を修正したりできます。

❶セルで修正

1 修正したい関数が入力されたセルを選択し、[F2]を押します。

B5		⌄	:	×	✓	*fx*	=AVERAGE(B2:B4)	
	A	B	C	D	E	F	
1	品名	4月	5月	6月			
2	りんご	240	250	180			
3	バナナ	400	340	200			
4	イチゴ	100	190	130			
5	売上金額	247	780	510			
6							
7							
8							
9							
10							
11							
12							

数式バーからでも修正できます

2 関数名を上書き入力し、[Enter]を押すと、

SUM		⌄	:	×	✓	*fx*	=sum(B2:B4)	
	A	B	C	D	E	F	
1	品名	4月	5月	6月			
2	りんご	240	250	180			
3	バナナ	400	340	200			
4	イチゴ	100	190	130			
5	売上金額	=sum(B2:B4)		510			
6		SUM(数値1, [数値2], ...)					
7							
8							
9							
10							
11							
12							
13							
14							
15							

すばやく対応できるセルでの修正がおすすめです

③ 関数が修正され、
戻り値の表示が
変更されます。

B5		✓ : × ✓ fx	=SUM(B2:B4)			
	A	B	C	D	E	F
1	品名	4月	5月	6月		
2	りんご	240	250	180		
3	バナナ	400	340	200		
4	イチゴ	100	190	130		
5	売上金額	740	780	510		
6						

❷関数ライブラリで修正

① 修正したい関数が
入力されたセルを
選択し、

② [数式] タブを
クリックして、

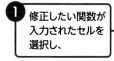

B5		✓ : × ✓ fx	=AVERAGE(B2:B4			
	A	B	C	D	E	F
1	品名	4月	5月	6月		
2	りんご	240	250	180		
3	バナナ	400	340	200		
4	イチゴ	100	190	130		
5	売上金額	247	780	510		
6						
7						

③ [関数ライブラリ]
グループの中から
任意の関数の
ジャンルをクリック
したら、

④ 変更したい関数を
クリックして Enter
を押します。

B5			AVERAGE(B2:B4)			
			C	D	E	F
1	品名		月	6月		
2	りんご		250	180		
3	バナナ		340	200		
4	イチゴ		190	130		
5	売上金額	247	780	510		
6						
7						

⑤ 関数が修正され、
戻り値の表示が
変更されます。

B5		✓ : × ✓ fx	=SUM(B2:B4)			
	A	B	C	D	E	F
1	品名	4月	5月	6月		
2	りんご	240	250	180		
3	バナナ	400	340	200		
4	イチゴ	100	190	130		
5	売上金額	740	780	510		
6						

② 引数を修正する

❶ セルで修正

1 修正したい引数が設定された関数のセルを選択し、F2 を押します。

2 引数を上書き入力し、Enter を押すと、

3 引数が修正され、戻り値の表示が変更されます。

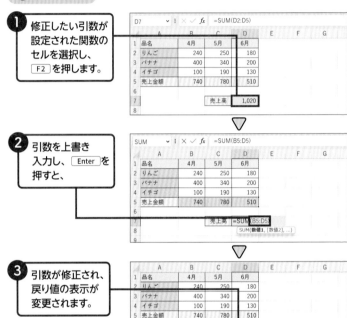

❷ セルの範囲をドラッグして修正

1 修正したい引数が設定された関数のセルをダブルクリックし、

2 引数に指定したセルの範囲の四隅を指定したい方向にドラッグすると、

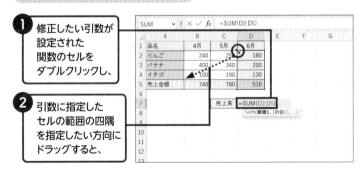

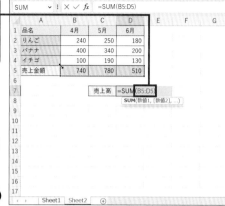

③ 引数の指定している範囲が修正されるので、 Enter を押します。

指定範囲の縦枠、または横枠にマウスポインターを合わせてドラッグすると、範囲を枠ごと移動できます

④ 引数が修正され、戻り値の表示が変更されます。

Memo

[関数の引数] 画面から修正する

修正したい引数が設定された関数のセルを選択し、数式バーの左にある [関数の挿入] (f_x) をクリックして [関数の引数] 画面を表示し、ここから引数の修正を行うこともできます。[関数の引数] 画面が表示されたら▲をクリックして表示を縮小し、正しい引数の範囲を

ドラッグして選択して、▣→ [OK] の順にクリックすると、引数の設定が修正されます。

相対参照と絶対参照、複合参照を使い分けよう

引数の参照方法は3種類

Excelの関数では、値が入力されているセルやセルの範囲を引数として設定した数式を利用します。この「セルやセルの範囲を引数として設定」することを「参照」といいます。参照が間違っていると、数式が合っていても計算するもとの値が間違ったものになってしまい、求めている戻り値は表示されません。

また、戻り値が意図した通りに表示されていたとしても、数式が入力されているセルをコピーしてほかのセルに貼り付けると、Excelの機能として自動調整が行われてしまい、参照セルがずれて求めている数式と異なったり、それが原因でエラーになったりします。これを避けるためには、セルの行と列、または行だけ、列だけを固定して参照することで、想定通りの数式で計算することができます。固定するには、「$」をセルの行や列の前に挿入します。

参照には「相対参照」「絶対参照」「複合参照」の3種類があります。どの参照を使えばよいかはケースバイケースなので、毎回これを必ず使うべき、というものはありません。それぞれの違いを確認して、正しく使い分けましょう。

参照名	特徴	数式の例
相対参照	通常の参照	=E2/E5
絶対参照	行と列を固定した参照	=E2/$E$5
複合参照	行だけか列だけを固定した参照	=E2/$E5 =E2/E$5

関数のセルをコピーして
ほかのセルに貼り付けたときに
引数のセルが意図せずずれる
こともあるので、適した参照を
使い分けましょう

② 相対参照とは

「相対参照」は、通常の参照方式です。引数は「A1」「B35」のように、セルの列
と行の位置を表したものになり、「=E2/E5」といった数式になります。相対参
照を使った数式が入力されているセルをコピーし、ほかのセルに貼り付ける
と、Excelの機能として引数のセルが貼り付け先の位置に合わせてずれるよう
自動調整されます。この自動調整が求めている通りのものなら問題ないです
が、そうでない場合はエラーとなるため、1つずつ数式を修正していく必要が
出てしまいます。

「=E2/E5」と相対参照の数式が入力されたF2セルを
コピーし、その下のF3セルに貼り付けると……

F2		▾	:	× ✓	fx	=E2/E5	
	A	B	C	D	E	F	G
1	品名	4月	5月	6月	4-6月計	構成比	
2	りんご	240	250	180	670	33.005%	
3	バナナ	400	340	200	940		
4	イチゴ	100	190	130	420		
5	売上金額	740	780	510	2,030		
6							
7							

▽

「=E3/E6」と自動調整されてしまい、

F3		▾	:	× ✓	fx	=E3/E6	
	A	B	C	D	E	F	G
1	品名	4月	5月	6月	4-6月計	構成比	
2	りんご	240	250	180	670	33.005%	
3	バナナ	400	340	200	0	#DIV/0!	
4	イチゴ	100	190	130	420		
5	売上金額	740	780	510	2,030		
6							
7							
8							

貼り付け先にはエラーが表示されてしまう

③ 絶対参照とは

「**絶対参照**」は、セルの行と列を固定して参照する方式です。参照するセルは列と行の前に「$」が挿入され「$A$1」「$B$35」のようになり、「=E2/$E$5」といった数式になります。

なお、関数を入力するとき、最後の Enter を押す前に「$」を挿入したいセルにカーソルを合わせて F4 を押すことで、「$」が挿入されます。

> 関数の入力時に「$」を挿入したい引数にカーソルを合わせ、
> F4 を押すと、「$」が挿入される

F4 を押さずに、
「$」を直接入力しても
OKです

SUM	✓ : × ✓ fx	=E2/$E$5			
	B	C	D	E	F	G
1	4月	5月	6月	4-6月計	構成比	
2	240	250	180	670	=E2/$E$5	
3	400	340	200	940		
4	100	190	130	420		
5	740	780	510	2,030		
6						
7						

絶対参照を使った数式が入力されているセルをコピーし、ほかのセルに貼り付けると、参照セルは固定されているので、参照が意図していないセルに自動調整でずれることはありません。

> 「=E2/$E$5」と絶対参照の数式が入力されたF2セルを
> コピーし、その下のF3セルに貼り付けると……

F3	✓ : × ✓ fx	=E3/$E$5			
	B	C	D	E	F	G
1	4月	5月	6月	4-6月計	構成比	
2	240	250	180	670	33.005%	
3	400	340	200	940	46.305%	
4	100	190	130	420		📋(Ctrl
5	740	780	510	2,030		

> 「=E3/$E$5」という計算式が貼り付けられ、「$」を付けたセル
> の参照がずれることなく求めていた通りの計算が行われた

④ 複合参照とは

「**複合参照**」は、行だけ、または列だけを固定して参照する方式です。列だけ
を固定して参照する場合は、セルの列の前に「$」を挿入して「$E5」のようにし、
「=E3/$E5」といった数式にします。行だけを固定して参照する場合は、行の
前に「$」を挿入して「E$5」のようにし、「=E3/E$5」といった数式にします。
なお、関数を入力するとき、最後の Enter を押す前に「$」を挿入したいセルに
カーソルを合わせて F4 を2回、または3回押すことで、行、または列を固定する
「$」が挿入されます。

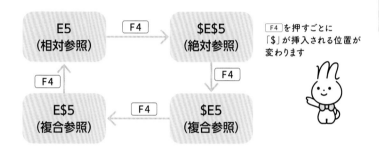

E5
（相対参照）
F4 →
$E$5
（絶対参照）

F4 を押すごとに
「$」が挿入される位置が
変わります

F4 ↑
↓ F4

E$5
（複合参照）
← F4
$E5
（複合参照）

複合参照を使った数式をうまく利用すれば、関数の入力を簡易化できます。行
のみを固定すればよい場合には、絶対参照ではなく複合参照を設定するなど
使い分けることができます。

> 「=E2/E$5」と行だけを固定した複合参照の数式が
> 入力されたF2セルをコピーし、その下のF3セルに貼り付けると……

F3		✓ : × ✓ fx	=E3/E$5			
	B	C	D	E	F	G
1	4月	5月	6月	4-6月計	構成比	
2	240	250	180	670	33.005%	
3	400	340	200	940	46.305%	
4	100	190	130	420		(Ctrl) ▾
5	740	780	510	2,030		
6						

> 行を固定した「=E3/E$5」という計算式が貼り付けられ、セルの参照が
> ずれることなく求めていた通りの計算が行われた

マクロ、VBAと関数の違い

Excelでは、関数のほかにマクロ、VBAという機能があり、いずれも業務効率化に役立つものである、ということを耳にされたことがあるかと思います。それぞれどのような特徴があり、違いがあるのかを改めて確認しましょう。

関数は、Excelで行う計算などを補助してくれる機能です。たとえば指定した範囲の数値の合計や平均を出したり、最大値や最小値を抜き出したり、また、指定した範囲の文字列の半角／全角を揃えたりと、Excelのシート内の作業を、ユーザーの代わりに実行してくれる機能です。

一方**マクロ**は、ユーザーに代わり指定した手順や動作をまとめて自動的に実行してくれる機能で、関数とは異なり複数の作業を設定することができます。たとえば「四半期の各店舗売上の合計を出し、最大値と平均値を抜き出して、最大値を出した店舗の店舗名を青色の太字にし、それらの全データを指定したデザインの表組に売上順に並べて印刷をする」、これをワンクリックで実行させることができます。これらの手順や動作には、関数を組み込むことも可能です。

VBAは、Visual Basic for Applicationsというプログラム言語のことで、マクロを実行しているのも実はこのVBAになります。VBAを利用することで、Excelで複雑な処理を行ったり、ほかのOfficeアプリと連携したり、テキストファイルの読み書きやWindowsを操作したりと、高度な作業を実行させることができます。さらに、だれが作業しても同じ成果物が作成でき、Excelがあれば開発・運用できるのでコストが安価で済む、などのメリットもありますが、反対に複雑なシステムでは処理速度が遅く時間がかかる、Excelのバージョンが変わると動作しなくなる可能性もある、といったデメリットもあります。

この中でもっとも利用しやすいのが関数です。業務で利用する関数をいくつかマスターするだけで、作業効率は大きく上がります。マクロやVBAに比べると難易度も低いため、すぐに実践しやすいというメリットもあります。

Chapter

2

関数のルールに
詳しくなろう

1 ショートカットキーでコピーする

1 コピーしたい関数のセルを選択し、Ctrl を押しながら C を押します。

H2		✓ : × √ fx	=SUM(C2:G2)					
	A	B	C	D	E	F	G	H	I
1	品名	単価	月	火	金	土	日	売上個数	売上金額
2	コーヒー	400	10	12	15	30	24	91	36,400
3	紅茶	400	12	10	18	21	20		
4	コーラ	300	8	5	14	23	21		
5	ケーキ	450	3	3	6	8	6		
6	プリン	350	1	3	3	8	5		
7									

2 コピーを貼り付けるセルを選択し、Ctrl を押しながら V を押すと、

H3		✓ : × √ fx							
	A	B	C	D	E	F	G	H	I
1	品名	単価	月	火	金	土	日	売上個数	売上金額
2	コーヒー	400	10	12	15	30	24	91	36,400
3	紅茶	400	12	10	18	21	20		
4	コーラ	300	8	5	14	23	21		
5	ケーキ	450	3	3	6	8	6		
6	プリン	350	1	3	3	8	5		
7									

3 コピーした関数が貼り付けられ、戻り値が表示されます。

H3		✓ : × √ fx	=SUM(C3:G3)						
	A	B	C	D	E	F	G	H	I
1	品名	単価	月	火	金	土	日	売上個数	売上金額
2	コーヒー	400	10	12	15	30	24	91	36,400
3	紅茶	400	12	10	18	21	⚠0	81	
4	コーラ	300	8	5	14	23	21		📋(Ctrl)▾
5	ケーキ	450	3	3	6	8	6		
6	プリン	350	1	3	3	8	5		
7									

Memo

数式だけをコピーする

セルの色やフォントサイズ、太字などの装飾といった書式はコピーせずに、数式だけをコピーして貼り付けたいという場合は、手順❸の画面で［貼り付けのオプション］（📋(Ctrl)▾）をクリックし、［数式］（fx）をクリックします。

② ショートカットキーで複数セルをコピーする

1 コピーしたい関数のセルを選択し、Ctrlを押しながらCを押します。

	A	B	C	D	E	F	G	H	I
1	品名	単価	月	火	金	土	日	売上個数	売上金額
2	コーヒー	400	10	12	15	30	24	91	36,400
3	紅茶	400	12	10	18	21	20		
4	コーラ	300	8	5	14	23	21		
5	ケーキ	450	3	3	6	8	6		
6	プリン	350	1	3	3	8	5		

1R x 2C =SUM(C2:G2)

2 コピーを貼り付ける複数のセルを選択し、Ctrlを押しながらVを押すと、

4R x 2C

3 コピーした関数が貼り付けられ、戻り値が表示されます。

H3 =SUM(C3:G3)

	A	B	C	D	E	F	G	H	I
1	品名	単価	月	火	金	土	日	売上個数	売上金額
2	コーヒー	400	10	12	15	30	24	91	36,400
3	紅茶	400	12	10	18	21	0	81	32,400
4	コーラ	300	8	5	14	23	21	71	21,300
5	ケーキ	450	3	3	6	8	6	26	11,700
6	プリン	350	1	3	3	8	5	20	7,000

Chapter 2 関数のルールに詳しくなろう

引数や数式に誤りがあると、エラーが表示されます（エラーの意味や解決法は186〜189ページ参照）

セルの参照方法（34〜37ページ参照）によっては、コピーすると参照セルがずれることもあるので気を付けましょう

41

オートフィルで
まとめてコピーしよう

1 フィルハンドル（■）をドラッグしてコピーする

「オートフィル」は、セルに入力されている値や数式をもとに、自動的に連続した値をまとめてコピーしてくれる機能です。表の項目作成などで利用すると便利ですが、関数が入力されている戻り値のセルをオートフィルを使いまとめてコピーすることもできます。

❶ コピーしたい関数の
セルを選択し、

	A	B	C	D	E	F	G	H	I	J
1	品名	単価	月	火	金	土	日	売上個数	売上金額	
2	コーヒー	400	10	12	15	30	24	91	36,400	
3	紅茶	400	12	10	18	21	20			
4	コーラ	300	8	5	14	23	21			
5	ケーキ	450	3	3	6	8	6			
6	プリン	350	1	3	3	8	5			
7										
8										
9										
10										

H2　=SUM(C2:G2)

❷ 選択している枠の
右下に表示される
フィルハンドル（■）
にマウスポインター
を合わせ、

H2　=SUM(C2:G2)

❸ マウスポインターの
表示が **+** に
なったら、

❹ ドラッグしてセルの
範囲を指定します。

H2　=SUM(C2:G2)

5 範囲を指定した
セルにコピー
した関数が貼り
付けられます。

	A	B	C	D	E	F	G	H	I	J
1	品名	単価	月	火	水	木	日	売上個数	売上金額	
2	コーヒー	400	10	12	15	30	24	91	36,400	
3	紅茶	400	12	10	18	21	20	81	32,400	
4	コーラ	300	8	5	14	23	21	71	21,300	
5	ケーキ	450	3	3	6	8	6	26	11,700	
6	プリン	350	1	3	3	8	5	20	7,000	
7										

H2 ▼ : × ✓ fx =SUM(C2:G2)

セルの参照方法（34〜37ペー
ジ参照）によっては、コピーする
と参照セルがずれることもある
ので気を付けましょう

Memo

オートフィルオプション（▤）を利用する

オートフィルでコピーすると、戻り値の右下
にオートフィルオプション（▤）が表示され
ます。3つの各メニューのいずれかをオンに
すると、コピーしたセルに対し、書式を設定
できます。

［セルのコピー］

オートフィルでコピーすると、この項目がオ
ンになっています。書式と数式の両方をコピー
します。

G	H	I
日	売上個数	売上金額
24	91	36,400
20	81	32,400
21	71	21,300
6	26	11,700
5	20	7,000

［書式のみコピー（フィル）］

［書式のみコピー］をオンにすると、セルの色
やフォントサイズ、書体などの書式だけをコ
ピーします。

G	H	I
日	売上個数	売上金額
24	91	36,400
20		
21		
6		
5		

［書式なしコピー（フィル）］

［書式なしコピー］をオンにすると、書式はコ
ピーされず、数式だけをコピーします。

G	H	I
日	売上個数	売上金額
24	91	36,400
20	81	32,400
21	71	21,300
6	26	11,700
5	20	7,000

Chapter
2

関数のルールに詳しくなろう

② マウスを使わずオートフィルでコピーする

❶ コピーしたい関数のセルを選択し、Ctrl を押しながら C を押します。

H2		fx	=SUM(C2:G2)					
	A	B	C	D	E	F	G	H	I
1	品名	単価	月	火	金	土	日	売上個数	売上金額
2	コーヒー	400	10	12	15	30	24	91	36,400
3	紅茶	400	12	10	18	21	20		
4	コーラ	300	8	5	14	23	21		
5	ケーキ	450	3	3	6	8	6		
6	プリン	350	1	3	3	8	5		

❷ コピーしたセルを貼り付けたいセルを選択し、Ctrl を押しながら Alt と V を押します。

H3		fx						
	A	B	C	D	E	F	G	H	I
1	品名	単価	月	火	金	土	日	売上個数	売上金額
2	コーヒー	400	10	12	15	30	24	91	36,400
3	紅茶	400	12	10	18	21	20		
4	コーラ	300	8	5	14	23	21		
5	ケーキ	450	3	3	6	8	6		
6	プリン	350	1	3	3	8	5		

Shift を押しながら ↑ ↓ ← → を押して選択セルを移動させて選択します

❸ [形式を選択して貼り付け] 画面が表示されるので、F を押して Enter を押すと、

❹ 関数が貼り付けられ、セルに戻り値が表示されます。

H3		fx	=SUM(C3:G3)					
	A	B	C	D	E	F	G	H	I
1	品名	単価	月	火	金	土	日	売上個数	売上金額
2	コーヒー	400	10	12	15	30	24	91	36,400
3	紅茶	400	12	10	18	21	20	81	32,400
4	コーラ	300	8	5	14	23	21	71	21,300
5	ケーキ	450	3	3	6	8	6	26	11,700
6	プリン	350	1	3	3	8	5	20	7,000

③ コピー先の範囲を自動的に指定する

1 コピーしたい関数の
セルを選択し、

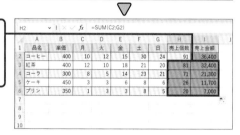

	A	B	C	D	E	F	G	H	I
1	品名	単価	月	火	金	土	日	売上個数	売上金額
2	コーヒー	400	10	12	15	30	24	91	36,400
3	紅茶	400	12	10	18	21	20		
4	コーラ	300	8	5	14	23	21		
5	ケーキ	450	3	3	6	8	6		
6	プリン	350	1	3	3	8	5		

H2　=SUM(C2:G2)

2 フィルハンドル (■)
にマウスポインター
を合わせ、**+**が
表示されたらダブル
クリックします。

H2　=SUM(C2:G2)

	A	B	C	D	E	F	G	H	I
1	品名	単価	月	火	金	土	日	売上個数	売上金額
2	コーヒー	400	10	12	15	30	24	91	36,400
3	紅茶	400	12	10	18	21	20		
4	コーラ	300	8	5	14	23	21		
5	ケーキ	450	3	3	6	8	6		
6	プリン	350	1	3	3	8	5		

3 コピーの貼り付け
先の範囲が自動
的に指定され、
コピーされます。

H2　=SUM(C2:G2)

	A	B	C	D	E	F	G	H	I
1	品名	単価	月	火	金	土	日	売上個数	売上金額
2	コーヒー	400	10	12	15	30	24	91	36,400
3	紅茶	400	12	10	18	21	20	81	32,400
4	コーラ	300	8	5	14	23	21	71	21,300
5	ケーキ	450	3	3	6	8	6	26	11,700
6	プリン	350	1	3	3	8	5	20	7,000

このコピーの方法は、戻り値の
左列に引数がある場合のみ
利用できます

この方法でコピーすると書式まで
コピーされてしまうので、必要に
応じて43ページのMemoを参考
に、オートフィルオプション（■）
で表示を変更させましょう

10 セルの表示形式を設定しよう

1 表示形式とは

関数を使って求めた計算や処理の結果(戻り値)は、数値や文字列、日付、時刻などの性質を持ちます。戻り値の数値に3桁ごとにカンマを付けたり、文字列を左寄せで表示したり、日付や時刻を「年/月/日」や「時:分:秒」の表示にしたりと、それぞれの性質に適した表示形式にすることで見やすくなり、また、計算や抜き出しなどの取り扱いがしやすくなります。

以下は、「44937.5」という値の表示形式をそれぞれ変更した例です。

数値

	A	B	C
1	44937		
2			

文字列

	A	B	C
1	44937.5		
2			

日付

	A	B	C
1	2023/1/10		
2			

時刻

	A	B	C
1	12:00:00		
2			

日付と時刻はシリアル値という値で管理されています。日付の場合、「1」は「1900年1月1日」、「2」はその翌日、と割り振られています。また、時刻は1日(24時間)を「1」とし、たとえば「0.5」は「12:00:00」に割り振られています

計算に利用する数値の値を変えずに表示だけを変更できます

2 セルに表示形式を設定する

［数値］グループで設定

1 表示形式を設定したいセルを選択し、

2 ［ホーム］タブをクリックして、

3 ［数値］グループの［桁区切りスタイル］（**9**）をクリックすると、

4 選択したセルに「桁区切りスタイル」の表示形式が適用されます。

［数値］グループからは、ほかにも表示形式の変更ができます（48ページ参照）

[数値]グループで変更できる表示形式は以下になります。

「100」を「¥100」のように、「通貨形式」に変更できます。⌄をクリックすると、[$英語（米国）]や[€ユーロ（€123）]などから選択ができます。

プルダウンメニューからは、[標準][数値][通貨][会計][短い日付形式][長い日付形式][時刻][パーセンテージ][分数][指数][文字列]の表示形式に変更できます。

「0.2」を「20%」のように、「パーセントスタイル」に変更できます。

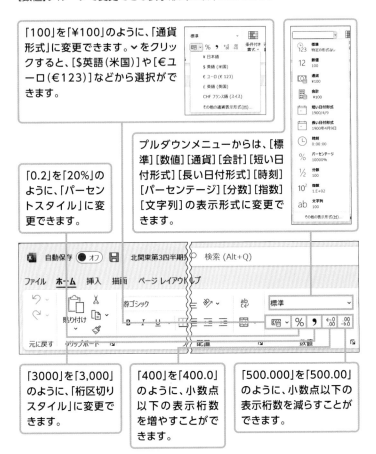

「3000」を「3,000」のように、「桁区切りスタイル」に変更できます。

「400」を「400.0」のように、小数点以下の表示桁数を増やすことができます。

「500.000」を「500.00」のように、小数点以下の表示桁数を減らすことができます。

プルダウンメニューの[その他の表示形式]をクリックすると、49ページの[セルの書式設定]画面が表示されます

［セルの書式設定］画面で設定

1 書式設定を変更したいセルを選択し、

2 ［ホーム］タブをクリックして、［数値］グループの［表示形式］（⤢）をクリックします。

3 ここでは例として、日付を和暦に変更します。「分類」で［日付］をクリックし、

4 「カレンダーの種類」を［和暦］に設定して、

5 「種類」で日本語表記のものをクリックしたら、［OK］をクリックします。

6 選択したセルの表示形式が変更されます。

書式設定を変更したいセルを選択後、右クリックし、［セルの書式設定］をクリックしても同様の画面を表示できます

11

関数を組み合わせよう

1 関数は組み合わせることができる

関数の引数には、別の関数を利用することもできます。これを「関数の組み合わせ」といい、最大64個まで可能です。このように関数を組み合わせることを「ネスト」といい、関数のネスト、関数ネストなどとも呼ばれます。

組み合わせ方は主に、関数の中に「()」(カッコ)でほかの関数を代入する方法です(51ページ参照)。関数を組み合わせることで、1つの計算式で複数の関数を実行でき、複雑な処理が可能になります。

たとえば以下の結果を求めたいときは、関数を組み合わせて利用するとよいでしょう。

●合計が任意の値より大きければ合格と表示させる

→IF関数(130ページ参照)を使って、もしSUM関数(58ページ参照)で出した戻り値が任意の値より大きければ合格と表示させる

●合計と任意の値を比較して、どちらが最小値かを求める

→任意の値とSUM関数で出した戻り値をMIN関数(62ページ参照)で比較する

●合計を3通りの評価に振り分ける

→IF関数を2つ組み合わせる

●平均値を四捨五入する

→AVERAGE関数(66ページ参照)で出した平均値を、ROUND関数(64ページ参照)で四捨五入する

② 関数を組み合わせた書式の計算ルール

関数の引数に別の関数を指定することで、関数を組み合わせて利用できます。その際引数になる関数は「()」ではさみますが、関数を組み合わせない場合も引数を「()」ではさむことがあるため、組み合わせを行った場合には計算式内にいくつもの「()」が入ることもあります。「()」がどの部分を指定しているか、しっかりと確認するようにしましょう。

なお、計算式内の「()」は内側にある関数から実行し、外側にある関数ほどあとで実行する、といった順番になります。

1番目に実行

=関数名1(関数名2(引数:引数))

2番目に実行

●関数を実行する順序

1. 内側の「()」の関数（関数名2）を実行する
2. 外側にある関数（関数1）を実行する

「()」の扱いは、
四則演算のルールと
似ています

関数2の引数を関数3に、と
階層的な計算式を作ることが
できるため、「()」がたくさん使
われることがあります。どの部
分の「()」なのかを見失わな
いようにしましょう

⋮ × ✓ *fx* =IFERROR(ROUND(SUM(F11:F14),0),"")

③ 関数を組み合わせる

ここでは、小数点以下1位が発生する数値をSUM関数で足し、その値を
ROUND関数で四捨五入するという処理を、関数を組み合わせた1つの計算
式で行う方法を紹介します。

F15セル　=SUM(F11:F14)
SUM関数でF11セル～F14セルの合計を出しています。

D8		fx	=ROUND(F15,0)		
	A	B	C	D	E	F

				発行日	2023/3/28
			領収書		
					株式会社技術商事
リンクカンパニー　御中					
下記の通り、領収いたしました。					
				¥888,099	
					※小数点以下1位を四捨五入

品名	数量		価格	割引率	割引価格
商品A	1		¥234,518	8%	¥215,756.6
商品B	2		¥221,953	13%	¥386,198.2
商品C	1		¥118,971	13%	¥103,504.8
商品D	2		¥98,193	7%	¥182,639.0
				合計	¥888,098.5

D8セル　=ROUND(F15,0)
ROUND関数でF15セルの値を四捨五入しています。

=ROUND(F15,0)

F15セルに入力されている「SUM(F11:F14)」を、
D8セルのROUND関数の引数に代入する

このような関数の組み合わせは、
IF関数（130ページ参照）
などでよく使われます

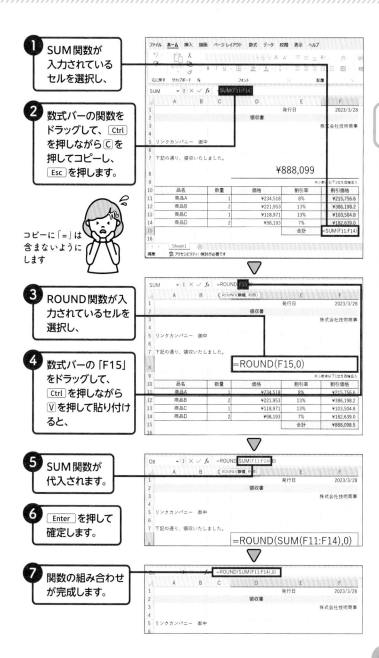

1 SUM関数が入力されているセルを選択し、

2 数式バーの関数をドラッグして、Ctrl を押しながら C を押してコピーし、Esc を押します。

コピーに「=」は含まないようにします

3 ROUND関数が入力されているセルを選択し、

4 数式バーの「F15」をドラッグして、Ctrl を押しながら V を押して貼り付けると、

5 SUM関数が代入されます。

6 Enter を押して確定します。

7 関数の組み合わせが完成します。

=ROUND(SUM(F11:F14),0)

1 セル範囲に名前を付けることができる

Excelではセル範囲に名前を付けて引数の設定に利用することができます。
セル範囲に付けた名前を引数にすることで、計算式を見たときにどのような
処理を実行しようとしているのかがわかりやすくなります。また、セルの選択
ミスでのやり直しを防いだり、絶対参照を忘れてオートフィルでセルの参照が
ずれてしまうことなどを防ぐメリットもあります。
なお、セル範囲への名前付けは、以下のルールがあります。

1. 先頭に数字は使えない(「_」(アンダースコア)を入れると利用で
きる)
2. 英字の「C」「c」「R」「r」のどれか1文字だけの名前は付けられない
3. 「A1」などセルを示す名前は付けられない
4. スペースは使えない
5. 半角で最大255字まで利用できる
6. 大文字と小文字は区別されない

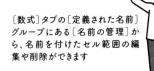

〔数式〕タブの〔定義された名前〕
グループにある〔名前の管理〕か
ら、名前を付けたセル範囲の編
集や削除ができます

2 セル範囲に名前を付ける

1 名前を付けたいセルの範囲を選択し、

2 [名前ボックス] をクリックします。

	A	B	C	D
1	体験プラン利用者リスト			
2	No.	氏名	説明希望	
3	G-001	市川 篤郎	○	
4	G-002	小柴 佐智		
5	G-003	山野 信也	○	
6	G-004	飯島 元子	○	
7	G-005	長澤 純子		
8	G-006	品田 眞子	○	
9	G-007	岸 仁美		
10	G-008	三田 淳史	○	
11	G-009	横尾 旬	○	
12	G-010	町山 由利		
13				

C3 : × ✓ fx ○

▽

3 セル範囲に付けたい名前を入力し、Enter を押して確定します。

説明希望 : × ✓ fx ○

	A	B	C	D
1	体験プラン利用者リスト			
2	No.	氏名	説明希望	
3	G-001	市川 篤郎	○	
4	G-002	小柴 佐智		
5	G-003	山野 信也	○	
6	G-004	飯島 元子	○	
7	G-005	長澤 純子		
8	G-006	品田 眞子	○	
9	G-007	岸 仁美		
10	G-008	三田 淳史	○	
11	G-009	横尾 旬	○	
12	G-010	町山 由利		
13				

① 関数を入力したい
セルを選択し、

② 関数と引数
（ここではセル範
囲に名前を付けた
「説明希望」）が
入った計算式を
入力して、

ここでは
例としてデータ
の個数を求める
COUNTA関数
（72ページ参照）
を入力します

③ Enter を押す
と、セル範囲の
名前から引数と
して利用された
ことを確認でき
ます。

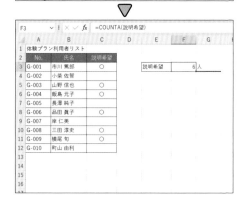

Chapter

3

関数で
基本の計算をしよう

SUM関数で
合計を求めよう

書式

=SUM(数値1, [数値2], …)

数値の合計を求める

引数に設定した複数の数値を足し算し、合計を求める関数です。売上一覧表や在庫管理表など、さまざまな表で利用する基本の関数であり、利用頻度の高い関数です。

そのため、[ホーム]タブの[編集]グループにある[合計](Σ)をクリックするだけで利用できるオートSUMや、ショートカットキーの割り当てなどの機能があります。

戻り値を表示させたいセルを選択して、
Alt を押しながら Shift と = を押すと、
SUM関数が設定されます

引数

数値　数値や数値が入力されているセル、セル範囲を指定します。セルが隣接していたら「A1:B8」のように「:」(コロン)を始点のセルと終点のセルではさみ、離れていたら「,」(カンマ)で区切ります。セル内に空白、文字列、論理値(TRUEまたはFALSE)が含まれている場合は無視されます。

1　隣接するセルの数値を合計する

=SUM(C2:C4)

C2セルからC4セルの値を合計する

	C5		▽	⋮	× ✓ *fx*	=SUM(C2:C4)			
	A	B	C	D	E	F	G	H	I
1	売場	品名	4月	5月	6月				
2		りんご	240	250	180				
3	果物	バナナ	400	340	200				
4		イチゴ	100	190	130				
5	果物合計		740						
6		秋刀魚	150	140	120				
7	鮮魚	イワシ	120	130	120				
8		鮭	180	170	170				
9	鮮魚合計					総計			
10	生鮮食品合計								
11									

合計した結果が表示される

C2:C4　隣接したセルを引数に指定する場合、「:」を始点のセルと終点のセ
　　　　　ルではさみます。

複数の隣接するセルを
引数に指定するには、
「C2:C4,C6:C8」と
入力します

Memo

オート SUM で自動的に計算する

結果を表示させたいセルを選択し、[ホー
ム] タブの [編集] グループにある [合計]
(Σ) をクリックすると、自動的に SUM 関
数が使われ合計されます。

=SUM(C5,C9)

C5セルとC9セルの値を合計する

C10		∨ : × ✓ fx	=SUM(C5,C9)					
	A	B	C	D	E	F	G	H	I
1	売場	品名	4月	5月	6月				
2		りんご	240	250	180				
3	果物	バナナ	400	340	200				
4		イチゴ	100	190	130				
5	果物合計		740						
6		秋刀魚	150	140	120				
7	鮮魚	イワシ	120	130	120				
8		鮭	180	170	170				
9	鮮魚合計		450			総計			
10	生鮮食品合計		1,190						
11									

合計した結果が表示される

C5,C9 離れたセルを引数に指定する場合、「,」で区切ります。

セルを直接入力する
ほかにも、該当セルを
クリックしても入力できます

Stepup　消費税込みの価格

消費税（10%）や消費税込みの戻り値を表示させたい場合は、以下
のように関数を利用すると表示できます。

=SUM(数値1,[数値2])*0.1　**消費税分の表示**

=SUM(数値1,[数値2])*1.1　**消費税込みの表示**

③ オートSUMで小計と総計をまとめて計算する

1 戻り値を表示させたいセルを選択し、

Ctrl を押してセルを選択すると、複数のセルが選択できます

2 [ホーム] タブをクリックして、

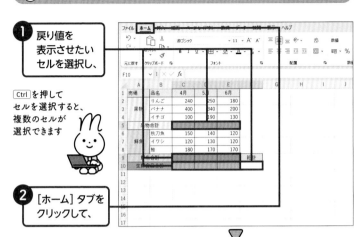

3 [編集] グループの [合計]（Σ）をクリックすると、

4 それぞれのセルに戻り値が表示されます。

手順❶のC9:E10はまとめて選択すると正しい戻り値が表示されません

C9:E9、C10:E10はそれぞれ別々に選択しましょう

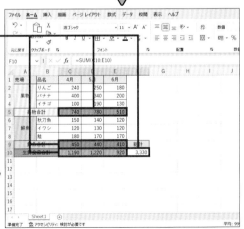

MAX／MIN関数で 最大／最小を求めよう

書式

$$=MAX(数値1,[数値2],\cdots)$$

数値の最大値を求める

$$=MIN(数値1,[数値2],\cdots)$$

数値の最小値を求める

MAX関数は、引数に指定した複数の数値の中から最大値を求め、MIN関数は引数に指定した複数の数値の中から最小値を求める関数です。営業成績表や試験結果表などで利用されます。

指定できる引数は数値だけでなく、日付や時刻といったデータからも求めることができます。なお、条件を満たすデータの中から最大値／最小値を求めることができるMAXIFS関数／MINIFS関数もあります（150～151ページ参照）。

> 日付や時刻の場合、
> 新しい日付や時刻が最大値となり、
> 古い日付や時刻が最小値となります

引数

数値　　数値や数値が入力されているセル、セル範囲を指定します。セルが隣接していたら「:」（コロン）を始点のセルと終点のセルではさみ、離れていたら「,」（カンマ）で区切ります。セル内に空白、文字列、論理値（TRUEまたはFALSE）が含まれている場合は無視されます。

1 セル範囲内の最大値を求める

=MAX(B3:B8)

B3セルからB8セルの値のうち最大値を求める

E3	▾	:	×	✓	*fx*	=MAX(B3:B8)			
	A	B	C	D	E	F	G	H	I
1	1月売上成績								
2	支店名	売上金額			売上金額				
3	札幌店	39,180,000		最高売上	56,910,000				
4	仙台店	37,810,000		最低売上	37,810,000				
5	東京店	56,910,000							
6	名古屋店	49,010,000							
7	大阪店	51,920,000							
8	福岡店	42,030,000							

最大値が表示される

B3:B8 数値の引数には別の関数や計算式を指定することもできます。

2 セル範囲内の最小値を求める

=MIN(B3:B8)

B3セルからB8セルの値のうち最小値を求める

E4	▾	:	×	✓	*fx*	=MIN(B3:B8)		
	A	B	C	D	E	F	G	H
1	1月売上成績							
2	支店名	売上金額			売上金額			
3	札幌店	39,180,000		最高売上	56,910,000			
4	仙台店	37,810,000		最低売上	37,810,000			
5	東京店	56,910,000						
6	名古屋店	49,010,000						
7	大阪店							

最小値が表示される

B3:B8 数値の引数には別の関数や計算式を指定することもできます。

ROUND関数で
四捨五入しよう

書式

=ROUND(数値,桁数)

指定した桁で数値を四捨五入する

数値を四捨五入する関数です。引数の数値には対象とする数値を、桁数には小数第何位を基準とするかをそれぞれ指定します。このとき基準とするのは小数点以下に限らずともよく、千の位や百の位を指定することも可能です。

なお、四捨五入ではなく切り上げ／切り捨てを行う関数もあります（Memo参照）。

文字列として設定していると
四捨五入できないので
注意しましょう

引数

数値 四捨五入する数値を指定します。文字列や時間は対象にできないので注意しましょう。

桁数 四捨五入の基準となる桁を数値で指定します。指定する桁は数値によって異なります（下の表参照）。

桁数の指定	対象となる位
2	小数第3位
1	小数第2位
0	小数第1位

桁数の指定	対象となる位
-1	10の位
-2	100の位
-3	1000の位

1 10%割引後の価格を四捨五入する

=ROUND(E8*0.9,0)

E8セルの値を0.9倍にして小数第1位で四捨五入する

E9		∨	⋮	× ✓ fx	=ROUND(E8*0.9,0)	
	A	B		C	D	E	F

	A	B	C	D	E
1		品名	単価	個数	合計
2	1	幕の内弁当	750	1	750
3	2	焼肉弁当	850	3	2550
4	3	おにぎりセット	600	2	1200
5	4	豚汁	200	4	800
6	5	ゴボウサラダ	200	0	0
7					
8				総額	5300
9				割引価格	4770
10					
11					

四捨五入した結果が表示される

E8*0.9 数値の引数には計算結果を指定することもできます。

0 価格の計算では小数第1位を四捨五入するので「0」を入力します。

この関数では引数を
省略できません

Memo

切り上げ／切り捨てを行う関数

四捨五入でなく数値の切り上げや切り捨てをしたい場合は以下の関数を利用します。引数の扱いは ROUND 関数と同様です。

=ROUNDUP(数値, 桁数)　　　指定した桁数で数値を切り上げる
=ROUNDDOWN(数値, 桁数)　　指定した桁数で数値を切り捨てる

AVERAGE関数で
平均を求めよう

書式

=AVERAGE(数値1,[数値2],…)

数値の平均値を求める

引数に指定した複数の数値の平均値を求める関数で、SUM関数に並び利用頻度の高い関数です。

平均値は数値をはじめに合計し、合計した数値を個数で割り算しますが、AVERAGE関数を利用すれば、数値が入力されている引数を指定するだけでかんたんに計算できます。

なお、空白以外の文字列なども値として扱ったうえでその平均値を求めることができる関数もあります(Memo参照)。

AVERAGE関数は
オートSUMから
設定することもできます

引数

数値 数値や数値が入力されているセル、セル範囲を指定します。セルが隣接していたら「:」(コロン)を始点のセルと終点のセルではさみ、離れていたら「,」(カンマ)で区切ります。セル内に空白、文字列、論理値(TRUEまたはFALSE)が含まれている場合は無視されます。

1 セル範囲内の平均値を求める

=AVERAGE(B2:B6)

B2セルからB6セルの値を平均する

E6	⌄ ⋮ ✕ ✓ fx	=AVERAGE(B2:B6)					
	A	B	C	D	E	F	G
1	受験者名	点数					
2	樫村 美月	78					
3	宍戸 雄太郎	95					
4	市ヶ谷 華	69					
5	野川 詩織	82					
6	佐々木 大吾	91		平均	83		
7							

平均値が表示される

B2:B6 隣接したセルを引数に指定する場合、「:」を始点のセルと終点のセルではさみます。

引数に計算結果を指定することもできます

Memo 空白以外の値の平均値を求める関数

空白以外の文字列や論理値の値を含む引数の平均を出すには、AVERAGEA 関数を利用します。上の例でいえば数値と値が混ざった「A1:B6」のようなセル範囲の指定ができますが、この関数では文字列は「0」、論理値の TRUE は「1」、FALSE は「0」とみなされるため、低い平均値が出やすいので気を付けましょう。

=AVERAGEA(数値,値)
数値のほかに空白以外の値を0や1とみなして平均値を求める

PRODUCT関数で
積を求めよう

書式

=PRODUCT(数値1,[数値2],…)

数値どうしの積を求める

引数に設定した数値と数値を掛け合わせて、積を求めることができる関数です。

数式では「300*12」のように、「*」(アスタリスク)の演算子を使って掛け算をすることができますが、セル範囲を設定し、PRODUCT関数を使うことで、よりかんたんに戻り値を出すことができるようになります。

ただし、「*」を使った掛け算の数式の場合、空白セルは「0」として計算されますが、PRODUCT関数の場合は空白セルは無視されるため、同じ個所を計算した場合、結果と戻り値は異なります。

「*」では空白セルは「0」、
文字列はエラー、論理値のTRUEは「1」、
FALSEは「0」として計算されますが、
PRODUCT関数ではこれらは
すべて無視されます

引数

数値　数値や数値が入力されているセル、セル範囲を指定します。セルが隣接していたら「:」(コロン)を始点のセルと終点のセルではさみ、離れていたら「,」(カンマ)で区切ります。セル内に空白、文字列、論理値が含まれている場合は無視されます。

1 販売した商品の割引額を求める

=PRODUCT(B3:D3)

B2セルからD3セルの積を求める

	A	B	C	D	E	F	G
1	割引商品受注リスト						
2	品名	単価	数量	割引率	割引額		
3	A弁当	2,000	23	13%	5,980		
4	B弁当	2,300	20	13%			
5	C弁当	2,800	18	13%			
6	D弁当	3,150	26	14%			
7	E弁当	3,980	24	15%			
8							

E3 セル: `=PRODUCT(B3:D3)`

> 積の結果が表示される

B2:D3 隣接したセルを引数に指定する場合、「:」で始点のセルと終点のセルではさみます。

D列は「0.13」などの数値を表示形式（46ページ参照）の［パーセントスタイル］で表示しています

割引額を差し引いた販売価格を出したい場合は、「=PRODUCT(B3:C3,1-D3)」になります

Memo

複数の積の合計を求める関数

セル範囲と相対的に同じ位置にあるセル範囲の積を計算し、さらにその合計を求めたい場合は SUMPRODUCT 関数を利用します。たとえば上の例の場合、B列のセル範囲（B3:B7）、C列のセル範囲（C3:C7）、D列（D3:D7）のセル範囲に対し、「=SUMPRODUCT(B3:B7,C3:C7,D3:D7)」と入力すると、対応するセル範囲の積を計算したうえで、その合計を求められます。

=SUMPRODUCT(配列1,[配列2],[配列3],…)
指定した配列の積の合計を求める

MOD関数で
商の余りを求めよう

書式

=MOD(数値, 除数)

数値を割り算し、余りを求める

割り算の余りを求めることができる関数です。たとえば「10÷3」の結果は「3余り1」となりますが、この余りの「1」をMOD関数を利用して求めることができます。

　この関数では1つ目の引数は数値となり、割られる数(分数では分子)を設定します。2つ目の引数は除数となり、割る数(分数では分母)を設定します。

なお、割り算をし、余りを除いて商だけを求める関数もあります(Memo参照)。

MOD関数はモデュラス関数、またはモッド関数と読みます

数値、除数それぞれの引数を「B4:B7」のようにセル範囲で設定できます。戻り値はスピル機能(180ページ参照)で自動表示されます

引数

数値　割られる数値が入力されているセルを指定します。

除数　割る数値が入力されているセルを指定します。

1 ケース購入した場合の不足数を求める

=MOD(B4,C4)

B4セルをC4セルで割った余りを求める

D4	∨ : × ✓ *fx*	=MOD(B4,C4)					
▲	A	B	C	D	E	F	G	H
1	パーティードリンク準備リスト						
2							
3	品名	必要数	1ケース本数	不足			
4	鳥龍茶	220	12	4			
5	お水	200	10				
6	ビール	250	6				
7	サワー	210	6				
8							
9							
10							
11							

商の余りが表示される

B4 割られる数値が入力されているセルを指定します。

C4 割る数値が入力されているセルを指定します。

除数に「0」、または文字列など
数値以外の値が入力されていると、
戻り値はエラーになります

Memo

割り算の商の整数を求める関数

上の例で各ドリンクを何ケース用意すればよいかを求める場合は、
割り算の商の整数を求める以下の関数を利用します。

=QUOTIENT(分子,分母) 分子を分母で割った商の整数を求める

COUNTA関数で
データの個数を求めよう

書式

=COUNTA(値1,[値2],…)

データの個数を求める

引数に指定したセル範囲のうち、データが入力されているセルの個数を求める関数です。対応しているデータは数値（日付と時刻を含む）や文字列、論理値（TRUEまたはFALSE）などの値ほか、Space で入力した空白文字やエラー値も含まれ、何もデータが入力されていない空白セルだけが無視されます。

なお、数値だけを対象としてセルの個数を数える関数もあります（Memo参照）。

列や行全体を
引数に設定
することも
できます

一見すると何も入力されていないように見えるセルでも、0を非表示にしていたり、空白文字が入力されているとカウントされます

引数

値　数値や文字列などのデータが入力されているセル、セル範囲を指定します。セルが隣接していたら「:」（コロン）を始点のセルと終点のセルではさみ、離れていたら「,」（カンマ）で区切ります。空白のセルは無視されます。

1 受験した人数を求める

=COUNTA(B3:B8)

B3セルからB8セルの間でデータが入力されているセルの個数を求める

E3	∨ : × ✓ fx	=COUNTA(B3:B8)						
▲	A	B	C	D	E	F	G	H
1	R4入社組 社内資格試験状況							
2	氏名	受験料支払日	結果		受験者数	合格者数		
3	堀米 豪	1月13日			5			
4	飯塚 昌代							
5	穂積 忠利	1月8日	合格					
6	山北 倫太郎	1月6日						
7	羽田 亜津沙	1月13日						
8	南川 勇気	1月7日	合格					
9								
10								

データ入力セルの個数が表示される

B3:B8　隣接したセルを引数に指定する場合、「:」を始点のセルと終点のセ
　　　　ルではさみます。

上の例の場合、B列全体を
範囲にし（B:B）、B2セルの分を引くという
範囲指定（=COUNTA(B:B)-1）もできます

列や行全体を範囲に指定する際、
項目名の入ったセルなど対象外のセルは
「=COUNTA(値1)-1」の「-1」のように
値から除外します

Memo

数値の個数を数える関数

数値（日付と日時を含む）のセルだけの個数を求めたい場合は、以
下の関数を利用します。この場合、セル内に空白、文字列、論理値
が含まれている場合は無視されます。

=COUNT(値1,[値2],…) 　値（数値のみ）の個数を数える

関数ライブラリ

Column

関数の入力は直接入力のほか、関数ライブラリを利用しての入力方法があります（24ページ参照）。利用する関数名を把握している場合は直接入力のほうが早く入力できますが、使いたい関数はあるが関数名が不明確な場合は関数ライブラリの利用が便利です。

関数ライブラリでは関数が12種類に分類されており、関数名をクリックすると［関数の引数］画面が表示され、関数を利用できます。また、関数名にマウスポインターを合わせると、関数の内容も表示されるので利用する際のヒントになります。

分類	収録されている関数の種類
財務	金利などお金の計算を行う際に利用する関数
論理	IF関数やIFERROR関数など条件分岐を処理する関数
文字列操作	文字列を扱う際に利用する関数
日付／時刻	日付や時刻を扱う際に利用する関数
検索／行列	検索や表などからデータを抽出する際に利用する関数
数学／三角	四則演算や三角関数など計算する際に利用する関数
統計	平均、最大値／最小値など統計計算を行う関数
エンジニアリング	科学、工学など特殊な計算を行うための関数
キューブ	Microsoft SQL Server Analysis Servicesの分析用データ「キューブ」に関する関数
情報	作業環境、セル、シートの情報などを確認する関数
互換性	Excel 2007以前と互換性のある関数
Web	Webサービスから文字列や数値を抽出する関数

TODO関数で
日付を入力しよう

書式

=TODAY()
本日の日付を入力する

請求書や見積書など、書類作成日の日付を入力するのに便利なのが、TODAY関数です。この関数を利用すると、パソコンの内部時計から日付を取得し、指定したセルに本日の日付を表示できます。このとき、セルの書式設定は日付に変更されます。

表示される日付は、そのファイルを開いた日付となり、本日入力したものでも、後日、そのファイルを開くと、ファイルを開いた日の日付が表示されます。

なお、現在の時刻を表示することができる関数もあります（Memo参照）。

TODAY関数を利用したファイルは、ファイルを開くたびにパソコンの内部時計から日付を取得しているため、内容を変更しなくてもファイルを閉じる際に保存の確認がされます

引数

なし 引数はありませんが、「()」の入力は必要です。「()」の中には何も入力しません。「()」を省略したり、値やセルを指定したりするとエラーになります。

=TODAY()

本日の日付を表示する

本日の日付が表示される

「=TODAY()-1」
「=TODAY()+1」と
することで、
日付の操作もできます

入力された日付は
シリアル値（46ページ参照）
に変換されています

Memo

現在の時刻を入力する関数

パソコンの内部時計から現在の時刻を入力したい場合は、以下の関数を利用します。引数はありませんが「()」の入力は必要です。

=NOW()　現在の時刻を入力する

YEAR／MONTH／DAY関数で日付から値を取り出そう

書式

=YEAR(シリアル値)
=MONTH(シリアル値)
=DAY(シリアル値)

シリアル値から年／月／日を取り出す

YEAR関数／MONTH関数／DAY関数はそれぞれ、引数に指定したシリアル値が入力されているセルから、年／月／日の値を取り出すことができます。戻り値として表示された値は、シリアル値から数値に変換されます。

これにより、取り出した数値をシリアル値ではできなかった四則演算などで使えるようになります。

引数のセルに入力されている日付に直接入力した曜日などの要素が入っていたり、文字列で「/」(スラッシュ)ではなくスペースで年月日を区切っていたり、文字列で和暦表示でスペースも入力されていたりすると、正しく値を取り出せずエラーになるので気を付けましょう。

YEAR関数は1900〜9999、
MONTH関数は1〜12、
DAY関数は1〜31の範囲で
戻り値が表示されます

引数

シリアル値　日付が入力されているセル、または「"2023/3/15"」のように、「"」(ダブルクォーテーション)で日付の前後をはさんだ日付文字列を指定します。

=YEAR(C3)

C3セルの年の値を取り出す

D3	∨ : × ✓ fx	=YEAR(C3)				
	A	B	C	D	E	F	G
1	クラブ会員リスト						
2	氏名	会員番号	入会日	入会年			
3	大野雄大	S-103	2022/1/10	2022			
4	佐野菜月	S-121	2021/1/29				
5	知野葵	S-149	2022/3/5				
6	市川 篤郎	S-160	2022/3/21				
7	小柴 佐智	S-172	2020/12/29				
8	山野 信也	S-198	2021/6/4				
9							

年だけが表示される

C3 「=YEAR(TODAY())」のように、TODAY関数（76ページ参照）を組み合わせると、今年の年や今月の月などを表示できます。

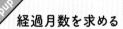

経過月数を求める

YEAR 関数と MONTH 関数を使って、ジムの入会期間など、経過月数を求めることができます。

=(YEAR(D3)-YEAR(C3))*12+MONTH(D3)-MONTH(C3)+1

E3	∨ : × ✓ fx	=(YEAR(D3)-YEAR(C3))*12+MONTH(D3)-MONTH(C3)+1					
	A	B	C	D	E	F	G	H
1	クラブ会員リスト							
2	氏名	会員番号	入会日	退会日	入会月数			
3	大野雄大	S-103	2022/1/10	2022/8/29	8			
4	佐野菜月	S-121	2021/1/29	2022/4/14				
5	知野葵	S-149	2022/3/5	2022/11/12				
6	市川 篤郎	S-160	2022/3/21	2022/6/1				
7	小柴 佐智	S-172	2020/12/29	2023/1/20				
8	山野 信也	S-198	2021/6/4	2022/12/16				
9								

HOUR／MINUTE／SECOND関数
で時刻から値を取り出そう

書式

=HOUR(シリアル値)
=MINUTE(シリアル値)
=SECOND(シリアル値)

シリアル値から時／分／秒を取り出す

HOUR関数／MINUTE関数／SECOND関数はそれぞれ、引数に指定したシリアル値が入力されているセルから、時／分／秒の値を取り出すことができます。戻り値として表示された値は、シリアル値から数値に変換されます。

これにより、取り出した数値をシリアル値ではできなかった四則演算などで使えるようになります。

HOUR関数は0〜23、
MINUTE関数は0〜59、
SECOND関数は0〜59の
範囲で戻り値が表示されます

引数

シリアル値　　時刻が入力されているセルを指定します。

=HOUR(D2)

D2セルの時間の値を取り出す

E2		∨ : × ✓ *fx*	=HOUR(D2)				
▲	A	B	C	D	E	F	G	H
1	日	出勤	退勤	勤務時間	時	分		
2	5	10:00	15:00	5:00	5			
3	11	8:00	13:00	5:00				
4	23	8:00	12:30	4:30				
5	26	13:00	18:40	5:40				
6	31	10:00	14:30	4:30				
7								
8								
9								

時間だけが表示される

D2 セルのほか、「"」（ダブルクォーテーション）で前後をはさんだ時刻文字列を指定することもできます。

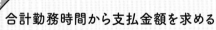

合計勤務時間から支払金額を求める

時間と分の値を取り出し、分を 60 で割って時間に変換して、時給額をかけると、支払金額が求められます。

=(E7+F7/60)*B8

F8		∨ : × ✓ *fx*	=(E7+F7/60)*B8				
▲	A	B	C	D	E	F	G	H	I	J
1	日	出勤	退勤	勤務時間	時	分				
2	5	10:00	15:00	5:00	5	0				
3	11	8:00	13:00	5:00	5	0				
4	23	8:00	12:30	4:30	4	30				
5	26	13:00	18:40	5:40	5	40				
6	31	10:00	14:30	4:30	4	30				
7				合計	23	100				
8	時給	¥1,350		支払金額		¥33,300				

WORKDAY関数で
営業日を計算しよう

書式

=WORKDAY(開始日,日数,[祭日])

土日祝日を除いた指定した営業日後の日付を求める

開始日に指定した日付から、土日と祝日(祭日)を除いた日数後の日付
を計算する関数です。祝日は別途表などにまとめたものを指定するこ
とで除外されて計算されますが、祝日も営業している会社などは指定
せず省略しても関数は実行できます。

この関数を利用することで、営業日ベースでの出荷の期日が求められ
るようになり、受注後、出荷されるのは何日かがわかるようになります。

土日以外は営業している場合は、
祝日を省略することもできます

引数

開始日	計算する基準となる日付を指定します。開始日は含まれず、0日目となります。
日数	土日以外の平日で、開始日から何日後であるかの経過日数を指定します。
祭日	土日以外の祝日や定休日、夏季休暇、年末年始休暇など、営業日から除外する日付を指定します。省略することも可能です。

土日祝日を除いた翌営業日を計算する

=WORKDAY(D3,1,$G$2:$G$6)

D3セルの日付から土日とG2セルからG6セルで指定した祝日を除いた1日後を求める

E3			✓ fx	=WORKDAY(D3,1,$G$2:$G$6)				
	A	B	C	D	E	F	G	H
1	日次売上						※第4四半期祭日	
2	No.	商品コード	注文数	注文日	出荷予定日		2023/1/1	元日
3	1	ADS11129	3	2023/1/6	2023/1/9		2023/1/10	成人の日
4	2	A-XC12	1	2023/1/15			2023/2/11	建国記念の日
5	3	CZ-30001	2	2023/1/21			2023/2/23	天皇誕生日
6	4	ADS11139	1	2023/2/1			2023/3/21	春分の日
7	5	440011-X	10	2023/2/6				
8								
9								
10								
11								
12								
13								
14								

注文日から土日祝日を除いた翌営業日が表示される

D3 セルのほか「"」(ダブルクォーテーション)で前後をはさんだ日付文字列を指定することもできます。

1 小数点を入力しても、整数だけが適用されます。

$G$2:$G$6 セル範囲を指定するほか、「"」で前後をはさんだ日付文字列を指定することもできます。ここでは、セルの行と列を固定する絶対参照(36ページ参照)で指定しています。

祝日を取り出す
関数はありません

日数に負の数値を指定すると、
開始日より前の日付になり、
何営業日前なのかを計算できます

NETWORKDAYS関数で土日祝日を除いた日数を求めよう

書式

=NETWORKDAYS(開始日,終了日,[祭日])

土日祝日を除いた期間内の日数を求める

開始日から終了日までの指定した期間内から、土日と祝日(祭日)を除いた日数を求める関数です。祝日は別途表などにまとめたものを指定することで除外されて計算されますが、祝日も営業している会社などは指定せず省略しても関数は実行できます。

この関数を利用することで、ある期間のうち、業務内容別に実稼働日数を把握したり、月別の1営業日の平均売上金額を計算したりすることができます。

WORKDAY関数の開始日は開始日後の
日付を求めるため0日目となりますが、
NETWORKDAYS関数の場合、
開始日は求めている日数内に含まれます

引数

開始日　計算する基準となる最初の日付を指定します。

終了日　計算する基準となる最後の日付を指定します。

祭日　　土日以外の祝日や定休日、夏季休暇、年末年始休暇など、営業日から除外する日付を指定します。省略することも可能です。

1 期間内の土日祝日を除いた日数を求める

=NETWORKDAYS(B3,C3,$F$2:$F$6)

B3セルの日付からC3セルの日付までの期間内で土日とF2セルからF6セル
で指定した祝日を除いた日数を求める

D3	∨ : × ✓ fx	=NETWORKDAYS B3 C3 $F$2:$F$6						
	A	B	C	D	E	F	G	H
1	作業者別稼働日数					※第4四半期祭日		
2	作業者	開始日	終了日	稼働日数		2023/1/1	元日	
3	飯島 元子	2023/1/10	2023/3/28	53		2023/1/10	成人の日	
4	長澤 純子	2023/1/14	2023/2/17			2023/2/11	建国記念の日	
5	品田 眞子	2023/2/19	2023/3/6			2023/2/23	天皇誕生日	
6	岸 仁美	2023/1/30	2023/3/15			2023/3/21	春分の日	
7	三田 淳史	2023/2/3	2023/2/19					
8								
9								
10								
11								
12								
13								
14								

開始日から終了日の期間内の土日祝日を除いた日数が表示される

B3	セルのほか、「"」(ダブルクォーテーション)で前後をはさんだ日付文字列を指定することもできます。
C3	セルのほか、「"」で前後をはさんだ日付文字列を指定することもできます。
$F$2:$F$6	セル範囲を指定するほか、「"」で前後をはさんだ日付文字列を指定することもできます。ここでは、セルの行と列を固定する絶対参照(36ページ参照)で指定しています。

土日ではない曜日を除外して
日数を求められる関数
(NETWORKDAY.INTL関数)もあります

WEEKDAY関数で
曜日を判別しよう

書式

=WEEKDAY(シリアル値,[種類])

日付に対応する曜日を判別する

指定したシリアル値で入力されている日付に対し、日曜日なら「1」、月曜日なら「2」のように、曜日を表す曜日番号を求める関数です。
曜日番号の種類は1～3、11～17の10通りあり、引数で指定します。
戻り値は曜日ごとのデータ分析や、曜日に対応する情報の表示などに活用できます。

引数

シリアル値　　日付が入力されているセルを指定します。

種類　　　　　週明けの曜日ごとに曜日番号が割り振られた10通りの数値を指定します（下の表参照）。「1」を何曜日にするかにより異なります。省略することも可能です。

種類	戻り値（曜日との対応）	種類	戻り値（曜日との対応）
1	1（日曜）～7（土曜）	13	1（水曜）～7（火曜）
2	1（月曜）～7（日曜）	14	1（木曜）～7（水曜）
3	0（月曜）～6（日曜）	15	1（金曜）～7（木曜）
11	1（月曜）～7（日曜）	16	1（土曜）～7（金曜）
12	1（火曜）～7（月曜）	17	1（日曜）～7（土曜）

※種類を省略すると「1」が適用されます。

=WEEKDAY(A2,2)

A2セルの日付の曜日番号を「2」の種類で判別する

B2	⌄	⋮	× ✓	fx	=WEEKDAY(A2,2)		
	A	B	C	D	E	F	G
1	日付	曜日	売上金額				
2	2023/1/14	6	180,000				
3	2023/1/15		240,000				
7	2023/1/19		144,000				
8	2023/1/20		175,000				
9	2023/1/21		200,000				

日付の曜日番号が表示される

A2 セルのほか、「"」(ダブルクォーテーション)で前後をはさんだ日付文字列
を指定することもできます。

2 種類にない数値を入れるとエラーになります。

戻り値のセルを選択し、[セルの書式設定]画面
(49ページ参照)で[ユーザー定義]をクリック
し、「種類」の入力欄に「aaaa」と入力して[OK]
をクリックすると、「金曜日」のように日本語で曜日
が表示されます

Stepup 平日／土日の売上を合計する

上の例のように 2 つ目の引数に種類「2」を指定すると、平日、また
は土日の売上の合計が SUMIF 関数 (148 ページ参照) を利用して計
算しやすくなります。

平日の合計売上　　=SUMIF(B2:B9,"<=5",C2:C9)
土日の合計売上　　=SUMIF(B2:B9,">=6",C2:C9)

DATEDIF関数で期間を計算しよう

=DATEDIF(開始日,終了日,単位)

開始日から終了日の期間を求める

引数に指定した開始日から終了日までの期間を求める関数です。戻り値は引数で指定した単位で表示され、「満年数」「満月数」「満日数」「1年未満の月数」「1年未満の日数」「1か月未満の日数」で求めることができます。

開始日は1日目には
含まれないので
気を付けましょう

引数

開始日 計算する基準となる最初の日付が入力されているセル指定します。

終了日 計算する基準となる最後の日付が入力されているセルを指定します。

単位 期間を表示する形式を期間を表す英字(下の表参照)を「"」(ダブルクォーテーション)で囲み指定します。

単位	意味	単位	意味
Y	満年数	YM	1年未満の月数
M	満月数	YD	1年未満の日数
D	満日数	MD	1か月未満の日数

1 プロジェクト期間の満月数を計算する

=DATEDIF(B3,C3,"M")

B3セルからC3セルの期間を満月数で求める

D3		▼ : × ✓ ƒx	=DATEDIF(B3,C3,"M")			
	A	B	C	D	E	F
1	新商品開発プロジェクト					
2	品名	開始日	終了日	期間（満月数）		
3	商品A	2021/12/10	2022/3/12	3		
4	商品B	2020/4/29	2020/6/3			

開始日から終了日の満月数が表示される

B3 セルのほか、「"」で前後をはさんだ日付文字列を指定することもできます。

C3 セルのほか、「"」で前後をはさんだ日付文字列を指定することもできます。

"M" 満月数で表示する「"M"」を指定しています。

開始日や終了日を
「TODAY()」にすると、
本日の日付を指定できます

単位の引数設定で
YM、YD、MDは処理が
うまくいかないこともあり、
非推奨とされているるので、
なるべくY、M、Dを利用しましょう

Hint
サジェストにないが利用できる

関数を直接入力すると、ほとんどの関数は
サジェストに表示されますが、DATEDIF 関
数は表示されません。また、関数ライブラ
リや［関数の挿入］画面からも選択はでき
ません。しかし、正しく直接入力すること
で、問題なく利用することができます。

EDATE関数で
日付での計算をしよう

書式

=EDATE(開始日, 月)

開始日から指定した月数後の日付を求める

指定した日付(開始日)の何か月後、または何か月前かなどの月を指定して、日付を求める関数です。見積書や割引クーポンなどの有効期限、商品の保証期間などの日付を求めるときに利用します。

1か月の期間は月により30日だったり31日だったりとまちまちなため、開始日からの1か月後を計算で出すと正確に求められないこともありますが、この関数を利用することで、正しい日付を求めることができます。

また、戻り値はシリアル値で表示されるので、数値で計算すると「14月」などの誤った日付が出ないのもメリットです。

なお、指定した月数後の月末日を求める関数もあります(Memo参照)。

うるう年にも
対応しています

引数

開始日	計算する基準となる最初の日付が入力されているセル指定します。
月	「何か月後」かを求める場合はプラスの整数の数値を、「何か月前」かを求める場合はマイナスの整数の数値を入力します。

=EDATE(C3,2)

C3セルの日付から2か月後の日付を求める

D3		✓ : × ✓ fx	=EDATE(C3,2)			
	A	B	C	D	E	F
1	部内備品貸し出しリスト		※貸出期間は原則2か月			
2	品名	氏名	貸し出し日	返却期限		
3	タブレット	横溝 晃一	2021/12/31	2022/2/28		
4	ハンディカメラ	橘 直美	2022/5/14			
5	タブレット	山田 圭一	2022/8/10			
6	Webカメラ	神田 あかり	2022/12/6			
7	HDMIコード	岸野 大智	2023/1/24			
8						

開始日の2か月後の日付が表示される

C3 セルのほか、「"」(ダブルクォーテーション)で前後をはさんだ日付文字列を指定することもできます。

2 ここでは2か月後の日付を求めるので「2」を入力します。

シリアル値のまま表示されたら
表示形式を[短い日付形式]に
変更しましょう

Memo 指定した月数後の月末日を求める関数

開始日から指定した月数後の月末日を求めるには、以下の関数を利用します。引数の扱いは EDATE 関数と同様です。なお、数式の最後に「+1」を足すと、翌月の月初日が求められます。

=EOMONTH(開始日,月)　　開始日から指定した月数後の月末日を求める

スピル機能のエラー

Excelを利用していると表示されるエラーメッセージに「#NAME?」「#VALUE!」「#N/A」「#REF!」などがありますが、「#スピル!」というエラーメッセージが表示されることもあります（189ページ参照）。

これは、スピルの範囲に値が入力されていたり、セルが結合されていたりするときに表示されるエラーメッセージです。

スピルとは、「あふれる」「こぼれる」の意味をもつ「spill」から来ています。Excel 2021の新機能の1つとして、スピル機能が追加されました（180ページ参照）。これまでは数式を入力したセルだけに結果が表示されていましたが、スピル機能では対応する隣接するセルにもゴーストとして結果が表示されるようになりました。

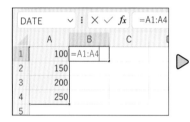 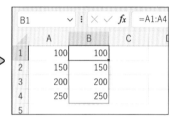

このとき、スピル機能で入力されるはずのセル（B3セル）に値が入力されていると、「#スピル!」のエラーが表示されます。

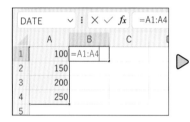

なお、上の例の場合、スピル機能で入力されるはずのセル（B3セル）の値を削除して空白セルにするとエラーが解除され、B2セルからB4セルまで入力がされます。

Chapter

5

関数で文字列を扱おう

ASC／JIS関数で文字列の半角／全角を統一しよう

書式

=ASC(文字列)
文字列を半角に統一する

=JIS(文字列)
文字列を全角に統一する

セルに入力されている文字列が半角または全角に統一されていないと、同じデータでも異なるデータとして扱われ、集計作業などに支障をきたしてしまうことがあります。

そのようなときにはASC関数を利用して引数に指定した全角文字の文字列を半角文字に変換、またはJIS関数を利用して引数に指定した半角文字の文字列を全角文字に変換します。

なお、ひらがなや漢字が指定された場合は、いずれの関数でも無視されます。

ASC関数は
アスキー関数、
JIS関数はジス関数と
読みます

引数

文字列 ASC関数は全角のカタカナ、アルファベット、数字、記号の(!、%、&など)文字列が入力されているセルを指定します。

JIS関数は半角のカタカナ、アルファベット、数字、記号(!、%、&など)が入力されているセルを指定します。

どちらも複数のセルは指定できません。

1 全角の文字列を半角に変換する

=ASC(A2)

A2セルの文字列を半角文字に変換する

B2	✓ : × ✓ *fx*	=ASC(A2)			
	A	B	C	D	E
1	国名	半角表記	全角表記		
2	Ａｒｇｅｎｔｉｎｅ	Argentine			
3	ｸﾛｱﾁｱ				
4	ﾓﾛｯｺ				
5	France				
6					

半角文字に変換される

A2 全角文字で入力された文字列のセルを指定します。

2 半角の文字列を全角に変換する

=JIS(A3)

A3セルの文字列を全角文字に変換する

C3	✓ : × ✓ *fx*	=JIS(A3)			
	A	B	C	D	E
1	国名	半角表記	全角表記		
2	Ａｒｇｅｎｔｉｎｅ	Argentine	Ａｒｇｅｎｔｉｎｅ		
3	ｸﾛｱﾁｱ	ｸﾛｱﾁｱ	クロアチア		
4	ﾓﾛｯｺ	ﾓﾛｯｺ			
5	France	France			
6					

全角文字に変換される

A3 半角文字で入力された文字列のセルを指定します。

CONCAT／CONCATENATE
関数で文字列を結合しよう

書式

=CONCAT(テキスト1,…)
=CONCATENATE(文字列1,
［文字列2],…)

文字列を結合する

CONCAT関数は、文字列（テキスト）の入ったセルやセル範囲を指定することで文字列を結合する関数です。Excel 2019以降で利用できる関数ですが、それ以前のExcelでは、CONCATENATE関数を利用します。CONCATENATE関数はセルの範囲は指定できませんが、個別にセルを指定することで、**文字列**を結合できます。

都道府県から区市町村、
番地に分かれた住所や、
階層に分かれた部署のデータを
まとめるときなどに役立ちます

引数

テキスト　CONCAT関数は、結合したい文字列が入力されているセル、セル範囲を指定します。セルが隣接していたら「:」（コロン）を始点のセルと終点のセルではさみ、離れていたら「,」（カンマ）で区切ります。

文字列　CONCATENATE関数は、結合したい文字列が入力されているセルを「,」で区切り、結合したい順に1つずつ指定します。

1 セル範囲の文字列を結合する

=CONCAT(A2:E2)

A2セルからE2セルの文字列を結合する

	A	B	C	D	E	F
1	商品コード	産地	焙煎度合い	容量	特徴	品名
2	A1209	コロンビア	中煎り	300g	マイルド	A1209コロンビア中煎り300gマイルド
3	A2201	ブラジル	深煎り	300g	オリジナル	
4	S1005	エチオピア	浅煎り	120g	ブレンド	
5	B2203	メキシコ	中煎り	250g	コク・酸味強め	
6						
7						

F2　=CONCAT(A2:E2)

文字列が結合される

A2:E2 セルやセル範囲のほか、「"」(ダブルクォーテーション)で前後をはさんだ文字列を指定することもできます。

2 指定したセルの文字列を結合する

=CONCATENATE(A3,B3,C3,D3,E3)

A3セル、B3セル、C3セル、D3セル、E3セルの文字列を結合する

	A	B	C	D	E	F
1	商品コード	産地	焙煎度合い	容量	特徴	品名
2	A1209	コロンビア	中煎り	300g	マイルド	A1209コロンビア中煎り300gマイルド
3	A2201	ブラジル	深煎り	300g	オリジナル	A2201ブラジル深煎り300gオリジナル
4	S1005	エチオピア	浅煎り	120g	ブレンド	
5	B2203	メキシコ	中煎り	250g	コク・酸味強め	
6						
7						

F3　=CONCATENATE(A3,B3,C3,D3,E3)

文字列が結合される

A3,B3,C3,D3,E3 セルのほか、「"」で前後をはさんだ文字列を指定することもできます。

INDEX関数で
データを探そう

書式

=INDEX(配列,行番号,[列番号])

配列内で指定した行と列が交わるセルを探す

引数に指定したセルの範囲の配列内にある、行と列が交わるセルの値を探すことができる関数です。「表内の何行目の何番目のデータを取り出したい」、というときに利用します。表が大きければ大きいほど便利な関数です。

行と列が何番目かをすばやく
調べるには、MATCH関数を
使うと便利です
（101ページStepup参照）

引数

配列　　探すセルが含まれる表のセル範囲を指定します。

行番号　配列で指定した範囲の中で、取り出したい値の行番号（上から何番目か）を指定します。配列が1行の場合は省略ができますが、その場合は必ず列番号を指定します。

列番号　配列で指定した範囲の中で、取り出したい値の列番号（左から何番目か）を指定します。配列が1列の場合は省略ができますが、その場合は必ず行番号を指定します。

1 行と列を指定してデータを取り出す

=INDEX(B2:D5,3,2)

B2セルからD5セルの配列内で3行目、2列目にあるデータを取り出す

	A	B	C	D	E	F	G
	G3	⌄ : × ✓ fx	=INDEX(B2:D5,3,2)				
1	事業所名	所長	副所長	本部長			
2	丸の内事業所	山田	島村	宮崎			
3	品川事業所	佐藤	小澤	出島		渋谷事業所副所長：	岸
4	渋谷事業所	高橋	岸	大森			
5	八王子事業所	小田	栗谷	矢口			
6							
7							
8							

指定した行と列が交差するデータが表示される

B2:D5 表見出しは含まず、値が入っているセルのみ指定します。

3 範囲内の上から3行目なので「3」を指定します。

2 範囲内の左から2列目なので「2」を指定します。

ここで紹介したINDEX関数は
「配列形式」ですが、このほかに、
本書では解説していませんが、
指定したセルの参照を求める
「参照形式」もあります

Hint

1 行／1 列分のすべてデータを取り出す

表の中にある任意の1行のすべてのデータを取り出したい場合は、
行番号を「0」に指定し、1列のすべてデータを取り出したい場合は、
列番号を「0」に指定します。

=INDEX(配列,行番号,0) 　配列内の行全体のデータを取り出す
=INDEX(配列,0,列番号) 　配列内の列全体のデータを取り出す

MATCH関数で データの位置を求めよう

書式

=MATCH(検査値,検査範囲, [照合の種類])

指定した範囲内から任意の値の位置を求める

指定した照合の種類に従い検査範囲内の行、または列と検査値を検索し、その結果となる数値のセルの位置を求める関数です。

この関数で求めた位置の値は、INDEX関数(98ページ参照)と組み合わせると、よりデータを探すのが容易になります(Stepup参照)。

戻り値は選択範囲の
一番上のセルが
「1」となります

引数

検査値　　検査範囲内にある位置を求めたい値を指定します。

検査範囲　検査値を取り出すセル範囲を指定します。

照合の種類　検査値の照合するルールを「0」「1」「-1」から指定します (下の表参照)。多くの場合は「0」を指定します。

種類	照合の内容	並べ替え
0	検査値と完全一致する値で検索	制約なし
1	検査値以下の最大値 (近似値) で検索	昇順
-1	検査値以上の最小値 (近似値) で検索	降順

※照合の種類を省略すると「1」が適用されます。

1 検査範囲内の検査値の位置を求める

=MATCH(A3,A6:A16,0)

A6セルからA16セルの範囲内で**A3セル**の値と完全一致するセルの位置を求める

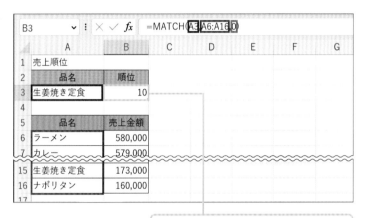

A3セルの値が何番目なのかが表示される

A3 位置を求めたい値が入力されているセル、または「"」(ダブルクォーテーション)で前後をはさんだ文字列を指定します。

A6:A16 検索する対象のセル範囲を、「:」(コロン)を端と端のセルではさんで指定します。

0 検査値と完全一致するセルの位置を求めるので、「0」を指定します。

INDEX 関数と組み合わせる

MATCH 関数と INDEX 関数 (98 ページ参照) と組み合わせることで、データを検索し、取り出すことができます。

=INDEX(配列,MATCH(検査値,検査範囲, [照合の種類]),列番号)

OFFSET関数で
検索した行を表示しよう

書式

=OFFSET(参照,行数,列数,[高さ],[幅])

指定した位置の行または列の範囲を求める

表の中から特定のセルやセルの範囲を抜き出すことができる関数です。

参照セルを基準とし、そのセルから縦に何行ずれ、横に何列ずれるかを指定して検索し、値を求めることができます。さらにその値から高さ(範囲の行数)や幅(範囲の列数)を指定すると、セル範囲を抜き出すことができます。

参照に指定したセルは、
0行0列目になります

引数

参照	基準となるセル、またはセルの範囲を指定します。
行数	参照から縦方向にいくつずれるかの値、または値が入ったセルで指定します。1つ下のセルの場合は「1」、2つ下のセルの場合は「2」となります。上方向の場合はマイナスで指定します。
列数	参照から横方向にいくつずれるかの値、または値が入ったセルで指定します。1つ右のセルの場合は「1」、2つ右のセルの場合は「2」となります。左方向の場合はマイナスで指定します。
高さ	戻り値をセル範囲にする場合、行数を指定します。省略することも可能です。
幅	戻り値をセル範囲にする場合、列数を指定します。省略することも可能です。

1 参照セルから指定した位置にあるセルの値を表示する

=OFFSET(A2,G2,G3)

A2セルを基準にG2セルの値分下にずれ、G3セルの値分右にずれた位置の
セルの値を求める

G4		:	×	✓	fx	=OFFSET(A2,G2,G3)		
	A	B	C	D	E	F	G	H
1	ワインお試し飲み比べコース料金表							
2		1名	2名	3名		種類数	4	
3	1種類	800	1,600	2,400		人数	2	
4	2種類	1,150	2,300	3,450		料金	3,800	
5	3種類	1,520	3,040	4,560				
6	4種類	1,900	3,800	5,700				
7								
8								
9								
10								
11								

基準のセルから指定した行数と列数
ずれた位置の値が表示される

A2 基準となる参照セルを指定します。

G2 縦方向にいくつずれるかが入力されているセルを指定します。

G3 横方向にいくつずれるかが入力されているセルを指定します。

Stepup ほかの関数と組み合わせる

OFFSET関数はほかの関数と組み合わせて利用することが多く、値を
検索する行や列が可変的な場合は引数の行数、列数にMATCH関数
（100ページ参照）を組み合わせます。また、SUM関数（58ページ参照）
の引数にOFFSET関数を指定し、高さと幅を指定すると、参照から離
れたセル範囲の合計を求めることができます。

FIND関数で
文字列の位置を求めよう

書式

=FIND(検索文字列,対象,
[開始位置])

文字列の位置を求める

対象とする文字列内に、指定した**検索文字列**が何番目にあるかを求める関数です。任意で**開始位置**を指定すると、検索をはじめる位置の指定ができます。対象とする文字列は半角、全角の区別はありません。

位置を求めた結果が戻り値に表示されると、対象内に検索文字列があるということなので、これを利用してメールアドレスのリスト内に「@」が入力されているかを判別したり、住所録の都道府県が入力されているか「都」「道」「府」「県」それぞれを求めて判別したりという利用ができます。

引数

検索文字列	検索したい任意の文字列をセル、または「"」(ダブルクォーテーション)で前後をはさんで指定します。
対象	検索文字列の位置を求める対象となる文字列が入力されたセル、または「"」で前後をはさんで指定します。
開始位置	対象内を検索文字列で検索する際、何文字目から開始するかを指定します。省略すると、対象の先頭から検索します。

1 住所が東京都かどうか判別する

=FIND(C1,B2)

B2セルの文字列に**C1の検索文字列**の位置を求める

C2	∨ : × ✓ fx	=FIND(C1,B2)		
	A	B	C	D
1	氏名	住所	都	
2	山野 信也	東京都千代田区飯田橋9-1-2	3	
3	三田 淳史	埼玉県川口市安行999-1		
4	岸 仁美	宮城県仙台市若林区若林13丁目8-7		
5	小柴 佐智	長野県小諸市古城9-10		
6	品田 眞子	大阪府和泉市青葉台5		
7	市川 篤郎	東京都葛飾区金町99-5		
8				
9				
10				
11				

対象の文字列に「都」が「3」番目にあることが表示される

C1 検索文字列が入力されているセルを指定します。

B2 検索文字列の位置を確認する対象の文字列のあるセルを指定します。

C3セルに「=FIND(C1,B3)」と
入力した場合、検索文字列が
対象にないので「#VALUE!」という
エラーメッセージが表示されます

Hint

空白の位置を求める

検索文字列に「"」で空白をはさんで空白を指定することで、
対象の文字列から空白の位置を求めることができます。

=FIND(" ",A2)

LEN／LENB関数で 桁数を数えよう

書式

=LEN(文字列)
文字列の桁数（文字数）を求める
=LENB(文字列)
文字列のバイト数を求める

引数に指定した文字列の文字数を数える関数です。文字列が数値の場合は桁数を数えます。

LEN関数は半角文字と全角文字のどちらも区別せずに1文字として数えますが、LENB関数は半角文字を1バイト、全角文字を2バイトとして数えます。

この関数を利用することで、入力桁数が決まっている表などで、正しく入力されているかを判別したり、全角で入力を求めている住所録で半角が使われていないかを判別したりすることができます。

LEN関数はレングス関数、
LENB案数はレングスビー関数と読みます

引数

文字列　文字列が入力されているセル、または「"」（ダブルクォーテーション）で前後をはさんだ文字列を指定します。表示形式によって表示される「,」や「¥」はカウントされません。

1 電話番号の桁数を数える

=LEN(B2)

B2セルの値の桁数を数える

C2		:	× √ fx	=LEN(B2)		
	A		B		C	D	E
1	氏名		電話番号		桁数		
2	赤嶺 詩音		09000001111		11		
3	馬場 奈津美		0 9 0 1 2 1 2 3 4 4		10		

> B2セルの数値の桁数が表示される

B2 桁数を数えたい数値が入力されているセルを指定します。

2 全角で入力されているかどうか確認する

=LEN(B3)*2=LENB(B3)

B3セルの文字数の2倍とB3セルのバイト数が一致するかどうかを判別

C3		:	× √ fx	=LEN(B3)*2=LENB(B3)		
	A		B		C	D	E
1	氏名		住所		全角判定		
2	三田 淳史		埼玉県川口市安行 9 9 9 - 1		FALSE		
3	山野 信也		東京都千代田区飯田橋 9 - 1 - 2		TRUE		

> B2セルの文字列が全角かどうかの判別が表示される

B3 入力された文字列がすべて全角か半角かを判別したいセルを指定します。

> ここでは全角の文字数と、文字列のバイト数が
> 一致するかどうかを比べています。一致する場合は
> 「TRUE」、一致しない場合は「FALSE」の論理値
> が表示されます

TEXTSPLIT関数で
文字列を分割しよう

書式

=TEXTSPLIT(文字列,列区切り文字,[行区切り文字],
[空は無視],[一致モード],[埋める値])

文字列を指定した区切り文字の位置で分割する

引数に指定した**文字列**を、**列区切り文字**や**行区切り文字**をもとに分割する、スピル機能(180ページ参照)を利用した関数です。1つのセルに入力されている文字数が、複数のセルに分割されて戻り値が表示されます。

引数は文字列と列区切り文字は必須ですが、そのほかは省略することができます。省略すると、それぞれ既定の引数が指定されます。

会員名簿で氏名や住所を分割したり、商品名や商品番号、価格、特徴などが1つのセルにおさまっている商品データを分割したりするときに利用します。

Excelの「区切り位置指定ウィザード」と
同じ処理を関数で行うことができます

Memo　**使えるバージョンは限定される**

TEXTSPLIT 関数は 2022 年に追加が発表された新しい関数です。2023年 3 月現在、Microsoft 365 のデスクトップ版 Excel とブラウザ版 Excel で利用することができ、Excel 2021 や Excel 2019 などでは利用することはできません。

引数	
文字列	文字列が入力されているセル、または「"」(ダブルクォーテーション)で前後をはさんだ文字列を指定します。
列区切り文字	文字列に含まれている「,」(カンマ)や「-」(ハイフン)などの列を分割する区切り文字を「"」で前後をはさんで指定します。
行区切り文字	文字列に含まれている「,」や「-」などの行を分割する区切り文字を「"」で前後をはさんで指定します。省略することもできます。
空は無視	区切り文字の間が空の場合、TRUEと指定すると空のセルを無視(左または上に詰める)し、FALSEと指定すると戻り値のその場所は空白セルが作成されます。指定を省略すると、FALSEが適用されます。
一致モード	区切り文字の大文字と小文字の区別する場合は「1」を、区別しない場合は「2」を指定します。省略すると「1」が適用されます。
埋める値	戻り値の最大列数に足りていないセルを埋める値を「"」で前後をはさんで指定します。省略すると対象のセルには「#N/A」(数値の場合は0)が表示されます。

縦方向に分割する場合、
「=TEXTSPLIT(A1,,"-")」のように
数式の列区切り文字の位置には
何も入力せず「,」だけを入力し、
行区切り文字を指定します

以前はIFERROR関数(144ページ参照)、
MID関数、FIND関数(104ページ参照)、
SUBSTITUTE関数、LEN関数(106ページ参照)を
組み合わせたことが、TEXTSPLIT関数だけで
できるようになりました

=TEXTSPLIT(B2," ")

B2セルの文字列を「 」(半角スペース)で区切り分割する

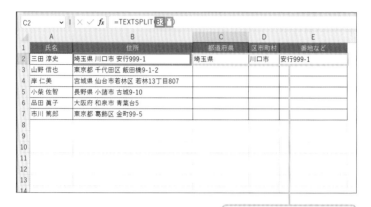

住所が分割して表示される

B2 列区切り文字が入力されている文字列のセルを指定します。

" " 文字列を区切る区切り文字を指定します。

C2セルに関数を入力しましたが、
スピル機能によりD2セル、
E2セルにも戻り値が表示されています

Memo 区切り文字を挿入して文字列を連結する関数

TEXTSPLIT 関数とは反対に、複数のセルの文字列を区切り文字を付けて連結する関数は以下になります。2 つ目の引数には TEXTSPLIT 関数の 4 つ目の引数と同じ扱いで TRUE、または FALSE を指定し、3 つ目の引数には連結したい文字列、またはセル、セル範囲を指定します。

=TEXTJOIN(区切り文字,空のセルは無視,テキスト1,…)

② 氏名の名字だけを求める

=INDEX(TEXTSPLIT(A2," "),1)

A2セルの文字列を「 」(半角スペース)で区切り分割し、1列目の文字列を求める

	A	B	C	D	E
1	氏名	住所		氏名	都道府県
2	三田 淳史	埼玉県 川口市 安行999-1		三田	
3	山野 信也	東京都 千代田区 飯田橋9-1-2			
4	岸 仁美	宮城県 仙台市若林区 若林13丁目807			
5	小柴 佐智	長野県 小諸市 古城9-10			
6	品田 眞子	大阪府 和泉市 青葉台5			
7	市川 篤郎	東京都 葛飾区 金町99-5			
8					
9					

D2 セル: `=INDEX(TEXTSPLIT(A2," "),1)`

> 名前の名字だけが表示される

A2 列区切り文字が入力されている文字列のセルを指定します。

" " 文字列を区切る区切り文字を指定します。

INDEX関数(98ページ参照)を
組み合わせて、1列目の文字列
だけを求めています

Memo 区切り文字の前／後ろの文字列を求める関数

TEXTBEFORE 関数は文字列内の区切り文字の前の文
字列を求める関数で、TEXTAFTER 関数は文字列内
の区切り文字の後ろの文字列を求める関数です。ど
ちらも 2023 年 3 月現在、TEXTSPLIT 関数と同じく、
Microsoft 365 のデスクトップ版 Excel とブラウザ版
Excel でのみ利用ができます。

文字列を取り出す関数

文字列の先頭（左側）から指定した文字数分だけを取り出したい場合は、LEFT関数を利用します。1つ目の引数に対象の文字列、またはセルを指定し、2つ目の引数には文字数を指定します（省略すると、先頭の文字のみが求められます）。

=LEFT(文字列 , [文字数])

D2	: × ✓ fx	=LEFT(A2,4)		
	A	B	C	D	E
1	品名	単価		商品コード	
2	6201 ワイヤレスマウス	3,980		6201	
3	6202 ワイヤレスキーボード	5,800			
4	6203 USB加湿器	2,200			
5					

> A2セルの左から4文字が取り出される

また、文字列の末尾（右側）から指定した文字数分だけを取り出したい場合は、RIGHT関数を利用します。引数の扱いはLEFT関数と同様です。

=RIGHT(文字列 , [文字数])

D2	: × ✓ fx	=RIGHT(B2,3)		
	A	B	C	D
1	品名	商品コード	単価	色
2	卓上スタンド	11000-D9-S202-BLK	5,500	BLK
3	卓上スタンド	2710222221-S202-RED	5,500	
4	卓上スタンド	881111-1J-S202-YEL	5,500	
5				

> B2セルの右から3文字が取り出される

6

関数で
順位付けしよう

RANK.EQ関数で
順位を求めよう

書式

=RANK.EQ
（数値,参照,[順序]）

数値の順位を求める

指定したセル範囲内にある数値の順位を求める関数です。引数に指定したセル範囲の参照の中から、どの数値が何位なのかを求めます。順序は大きいほうから数える降順、または小さいほうから数える昇順のどちらかを指定できます。

同じ数値があった場合は同順位を付け、以降は同順位の数だけ繰り下がります。たとえば5つの範囲で順位を求めた場合に2位が2つなら、1位、2位、2位、4位、5位と順位が付きます。

RANK.EQ関数は
ランクイコール関数
と読みます

引数

数値　数値が入力されている参照内にあるセル、セル範囲を指定します。

参照　順位を求める数値のセル範囲を指定します。

順序　順位を降順で求めたい場合は「0」、昇順で求めたい場合は「1」を指定します。省略すると、降順の「0」が適用されます。

1 範囲内の数値の順位を求める

=RANK.EQ(B3,$B$3:$B$8,0)

B3セルの数値がB3セルからB8セルの範囲で何位かを降順で求める

C3		▾	:	×	✓	fx	=RANK.EQ(B3,$B$3:$B$8,0)		
	A	B	C	D	E	F	G	H	I
1	1月売上成績								
2	支店名	売上金額	順位						
3	札幌店	39,180,000	5						
4	仙台店	37,810,000							
5	東京店	56,910,000							
6	名古屋店	49,010,000							
7	大阪店	51,920,000							
8	福岡店	42,030,000							
9									

範囲内の順位が表示される

B3 　　　　　順位を求めたいセルを指定します。

$B$3:$B$8 　順位を求める範囲を指定します。セルが隣接していたら「:」(コロン)を始点のセルと終点のセルではさみ、離れていたら「,」(カンマ)で区切ります。ここでは、セルの行と列を固定する絶対参照(36ページ参照)で指定しています。

0 　　　　　順序を大きいほうから数える降順にするため、「0」を指定します。省略もできます。

Memo

同じ数値の場合に順位を平均値で求める関数

同じ数値があった場合に平均値の順位を求めるには、以下の関数を利用します。たとえば5つの範囲で順位を求めた場合に2位が2つあった場合は、1位、2.5位、2.5位、4位、5位と順位が付きます。引数の扱いは RANK.EQ 関数と同様です。

=RANK.AVG(数値,参照,[順序])

LARGE／SMALL関数で 指定した順位の値を求めよう

書式

=LARGE(配列,順位)

大きい順に順位の値を求める

=SMALL(配列,順位)

小さい順に順位の値を求める

セルの範囲内の値を順位付けし、指定した順位の値を求める関数です。引数に指定したセル範囲の配列の中で、LARGE関数は「この範囲内で何番目に大きい値」のように指定した大きい順の順位の数値を求め、SMALL関数は「この範囲内で何番目に小さい値」のように指定した小さい順の順位の数値を求めます。

RANK.EQ関数（114ページ参照）では順位を求めましたが、LARGE／SMALL関数では順位ではなく、順位の値を求めることができます。

最大値／最小値だけを求めるのであれば、MAX関数／MIN関数で求めることができます（62ページ参照）

引数

配列　順位を調べるために順位付けするセルの範囲を指定します。

順位　値を求めたい順位が入力されている値、またはセルを指定します。

１ 3番目に大きい数値を求める

=LARGE($B$2:$B$9,3)

B2セルからB9セルの範囲で3番目に大きい数値を求める

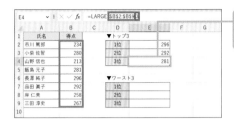

> 範囲内で3番目に大きい数値が表示される

$B$2:$B$9 順位を求めたい数値の入ったセルの範囲を指定します。ここでは、セルの行と列を固定する絶対参照（36ページ参照）で指定しています。

3 3番目に大きい数値を求めたいので「3」を指定します。

２ 3番目に小さい数値を求める

=SMALL($B$2:$B$9,3)

B2セルからB9セルの範囲で3番目に小さい数値を求める

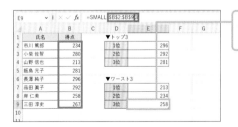

> 範囲内で3番目に小さい数値が表示される

$B$2:$B$9 順位を求めたい数値の入ったセルの範囲を指定します。ここでは、セルの行と列を固定する絶対参照で指定しています。

3 3番目に小さい数値を求めたいので「3」を指定します。

MEDIAN関数で中央値を求めよう

書式

=MEDIAN
（数値1,［数値2］,…）

数値の中央値を求める

指定した数値の範囲から、中央値を求める関数です。1つの数値が極端に大きかったり小さかったりすると、それにつられて平均値が実際の数値から大きくかけ離れてしまうことがあります。そのような場合、中央値を求めることで、よりデータの実態を把握しやすくなります。

数値の合計を数値の数で割るのが平均値ですが、中央値は数値を大きさ順に並べて中央に位置する値を求めます。そのため、極端に大きかったり小さかったりする数値があっても、その影響を受けにくいという特徴があります。

なお、中央値を算出する際に、数値が奇数個の場合は中央値となる値がありますが、偶数個の場合は、中央の数値2つの平均が中央値となります。

平均値を求めるには、AVERAGE関数（66ページ参照）を利用します

引数

数値 　中央値を求めたい数値が入力されているセルやセルの範囲を指定します。

1 セル範囲内の中央値を求める

=MEDIAN(B2:B10)

B2セルからB10セルの数値の中央値を求める

	A	B	C	D	E	F	G	H
E3				=MEDIAN(B2:B10)				
1	受験者名	点数						
2	樫村 美月	400		平均値	315.8			
3	宍戸 雄太郎	343		中央値	349			
4	市ヶ谷 華	355						
5	野川 詩織	332						
6	佐々木 大吾	5						
7	長谷川 雄大	349						
8	橋本 秀美	347						
9	井筒 洋子	360						
10	平川 正彦	351						
11								

中央値が表示される

B2:B10 隣接したセルを引数にする場合、「:」(コロン)を始点のセルと終点のセルではさみます。表が大きいときなどは「B:B」のように指定すると、B列全体を指定して中央値を求めることができます。

Memo 数値の両端を排除して平均値を求める関数

極端に高かったり低かったりする数値があるときに、指定した割合の数値を排除して平均値を求めたい場合は、以下の関数を利用します。割合を高めると、平均を求める範囲が狭くなります。1つ目の引数に数値の入ったセルやセル範囲を指定し、2つ目の引数に配列で指定した数値のうち、計算対象から排除する数値の割合を0以上、1未満の少数で指定します。

=TRIMMEAN(配列,割合)　配列のうち割合の数値を排除して平均
する

COLUMN／ROW関数で連番を表示しよう

書式

=COLUMN([参照])

セルの列番号を求める

=ROW([参照])

セルの行番号を求める

参照したセルの番号を求める関数です。COLUMN関数は列番号を求めることができ、ROW関数は行番号を求めることができます。

この関数を利用すると、順位や作業手順など番号の連番を振ることができ、表の作成後に列や行を追加や削除してもずれることがなく、自動的に連続した番号が表示されるようになります。

引数をセル範囲で指定すると、スピル機能（180ページ参照）が使われ表示されます

引数のセルを絶対参照（36ページ参照）で指定すると、表をコピーした際に番号もそのまま変わらずコピーされます

引数

参照　COLUMN関数では列番号を求めたいセル、またはセル範囲を指定し、ROW関数では行番号を求めたいセル、またはセル範囲を指定します。省略すると戻り値を表示するセルの列番号／行番号を求めます。

1 番号を連番で横に表示する

=COLUMN(B2:F2)-1

B2セルからF2セルの列番号から1を引いた数値の連番を求める

	A	B	C	D	E	F	G
1	▼各店舗売上傾向						
2	売上順位	1	2	3	4	5	
3	青山店	雑貨	書籍	アパレル	食品	小物家電	
4	道玄坂店	アパレル	小物家電	アパレル	雑貨	書籍	
5	新宿店	小物家電	書籍	アパレル	食品	雑貨	
6	赤坂店	小物家電	書籍	食品	アパレル	雑貨	
7	丸の内店	食品	雑貨	小物家電	アパレル	書籍	
8							
9							
10							

B2セル ✓ : × ✓ fx =COLUMN B2:F2 -1

> 列番号から1を引いた数値が表示される

B2:F2 引数をセル範囲で指定すると、スピル機能でB2セルだけでなく、F2セルまで自動的に戻り値が表示されます。

2 番号を連番で縦に表示する

=ROW(A3:A10)-2

A3セルからA10セルの行番号から2を引いた数値の連番を求める

A3 ✓ : × ✓ fx =ROW A3:A10 -2

	A	B	C	D	E	F
1	▼成績順位表					
2	順位	受験者名	点数			
3	1	樫村 美月	400			
4	2	井筒 洋子	360			
5	3	市ヶ谷 華	355			
6	4	平川 正彦	351			
7	5	長谷川 雄大	349			
8	6	橋本 秀美	347			
9	7	宍戸 雄太郎	343			
10	8	野川 詩織	332			

> 行番号から2を引いた数値が表示される

A3:A10 引数をセル範囲で指定すると、スピル機能でA3セルだけでなく、A10セルまで自動的に戻り値が表示されます。

ISBLANK関数で
セルが空白か調べよう

書式

=ISBLANK(テストの対象)

空白かどうか調べる

テストの対象に指定したセルが空白かどうかを判別する関数です。セルが空白の場合は戻り値としてTRUEが表示され、セルが空白でない場合はFALSEが表示されます。
この関数だけを利用すると、表を見たときに何を表しているのかがわかりにくいですが、IF関数（130ページ参照）を組み合わせることで、戻り値の表示を指定した文字列に置き換えて表示することができます（Hint参照）。

テストの対象に指定したセルに入力されているのが文字列かどうかを判別するには、ISTEXT関数を利用します。引数の扱いはISBLANK関数と同様です

引数

テストの対象　空白かどうかを調べたいセル、またはセルの範囲を指定します。セル範囲を指定すると、スピル機能（180ページ参照）で関数を入力したセルと隣接している縦方向、または横方向に戻り値が表示されます。なお、隣接していないセルを複数指定することはできません。

1 空白セルかどうかを判別する

=ISBLANK(B3:B8)

B3セルからB8セルが空白かどうか調べる

C3		✓ : × ✓ fx	=ISBLANK(B3:B8)					
	A	B	C	D	E	F	G	H
1	R4入社組 社内資格試験状況							
2	氏名	受験料支払日	入金状況					
3	堀米 豪	1月13日	FALSE					
4	飯塚 昌代		TRUE					
5	穂積 忠利	1月8日	FALSE					
6	山北 倫太郎	1月6日	FALSE					
7	羽田 亜津沙		TRUE					
8	南川 勇気	1月7日	FALSE					

指定セルが空白かどうかが判別される

B3:B8 引数をセル範囲で指定すると、スピル機能でC3セルだけでなく、C8
セルまで自動的に戻り値が表示されます。

Hint 論理値を指定した文字列で表示する

戻り値に表示される「TRUE」、「FALSE」を任意の文字列で表示する
には、IF関数（130ページ参照）を組み合わせます。上の例の場合、
「TRUE」が表示されたら「未入金」、「FALSE」が表示されたら「入金済」
と表示するには、下記のような数式を利用します。

=IF(ISBLANK(B3:B8),"未入金","入金済")

C3		✓ : × ✓ fx	=IF(ISBLANK(B3:B8),"未入金","入金済")					
	A	B	C	D	E	F	G	H
1	R4入社組 社内資格試験状況							
2	氏名	受験料支払日	入金状況					
3	堀米 豪	1月13日	入金済					
4	飯塚 昌代		未入金					
5	穂積 忠利	1月8日	入金済					

SORT関数で並べ替えよう

書式

=SORT(配列,[並べ替えインデックス], [並べ替え順序],[並べ替え基準])

表を指定した条件で並べ替える

表の値を、指定した条件によって並べ替えることができる関数です。配列内の値を、並べ替えインデックスで指定したセルの位置を基準にして、降順、または昇順の並べ替え順序で並べ替えます。なお、並べ替えが列方向か行方向かの並べ替え基準もあわせて指定します。

引数

配列	並べ替えを行うセルが含まれるセル範囲を指定します。
並べ替えインデックス	並べ替えの基準の列または行が指定した範囲の何列目／何行目にあるかを数値で指定します。省略すると「1」が設定されます。
並べ替え順序	昇順（小さい順）で並べ替えたい場合は「1」または省略、降順（大きい順）で並べ替えたい場合は「-1」を指定します。
並べ替え基準	配列の値がどの方向に並んでいるかを指定します。行方向（横方向）の場合は「TRUE」または省略、列方向（縦方向）の場合は「FALSE」を指定します。

1 配列内の指定した列の数値を並べ替える

=SORT(A3:C8,2,-1,FALSE)

A3セルからC8セルの2列目の数値を降順で列方向に並べ替える

E3		▼ : × ✓ fx	=SORT(A3:C8,2,-1,FALSE)				
	A	B	C	D	E	F	G	H

	A	B	C	D	E	F	G
1	1月売上成績						
2	支店名	売上金額	順位		支店名	売上金額	順位
3	札幌店	39,180,000	5		東京店	56,910,000	1
4	仙台店	37,810,000	6		大阪店	51,920,000	2
5	東京店	56,910,000	1		名古屋店	49,010,000	3
6	名古屋店	49,010,000	3		福岡店	42,030,000	4
7	大阪店	51,920,000	2		札幌店	39,180,000	5
8	福岡店	42,030,000	4		仙台店	37,810,000	6
9							
10							
11							
12							
13							
14							
15							

配列内の2列目の数値を昇順で並べ替える

A3:C8 表の見出し以外の値のセル範囲を、「:」（コロン）を使って指定します。

2 左から2列目を基準にするので「2」を指定します。

-1 降順で並べ替えるので「-1」を指定します。

FALSE 配列は列方向に並んでいるので「FALSE」を指定します。

スピル機能（180ページ参照）が利用され、自動的に戻り値が表示されます

並べ替え順序の昇順は50音順では「あ」から「ん」の順、アルファベットはAからZの順、日付や時刻は古い順となり、降順はその反対になります

UNIQUE関数で
要素を取り出そう

書式

=UNIQUE(配列,[列の比較],
[回数指定])

重複のない値のみを取り出す

重複した値が入っている表から、重複なしで値を取り出す関数です。**配**
列内の値を列方向か行方向か列の比較を指定し、重複の値が出現する
回数指定を行って取り出します。
なお、この関数はスピル機能（180ページ参照）が利用されるため、自
動的に戻り値が表示されます。

配列に追加や削除が
あると、戻り値もすば
やく反映されます

引数

配列　　　値の取り出しを行うセルが含まれるセル範囲を指定しま
　　　　　す。

列の比較　値が行方向（横方向）に並んでいる場合は「TRUE」を指
　　　　　定し、列方向（縦方向）に並んでいる場合は「FALSE」を指
　　　　　定、または省略します。

回数指定　取り出す値の重複している回数を指定します。1回だけ出
　　　　　現する値を取り出したい場合は「TRUE」を指定し、それに
　　　　　加えて2回以上出現する（重複している）値を取り出した
　　　　　い場合は「FALSE」を指定、または省略します。

1 配列内の値を重複なしで取り出す

=UNIQUE(A3:A9,FALSE,FALSE)

A3セルからA9セルの範囲で列方向に重複のない値を取り出す

	F3		∨	:	×	✓	f_x	=UNIQUE(A3:A9,FALSE,FALSE)	

	A	B	C	D	E	F	G	H
1	1月会議室利用申請							
2	氏名	会議室名	日付	時刻		1月会議室利用者		
3	岸野 大智	1A	2023/1/6	13:00		岸野 大智		
4	橘 直美	2A	2023/1/13	12:30		橘 直美		
5	横溝 晃一	1A	2023/1/17	10:00		横溝 晃一		
6	岸野 大智	1D	2023/1/17	16:00		山田 圭一		
7	山田 圭一	2A	2023/1/25	13:00		神田 あかり		
8	神田 あかり	3A	2023/1/27	15:00				
9	横溝 晃一	3A	2023/1/31	10:00				
10								

重複なしで配列内の値が表示された

A3:A9　値を取り出したいセル範囲を、「:」(コロン)を使って指定します。

FALSE　値が列方向(縦方向)なので「FALSE」を指定します。省略もできます。

FALSE　配列内の値を重複なしで取り出すので、「FALSE」を指定します。省略もできます。

Hint 値を並べ替えて取り出す

重複なしで値を取り出す際に、並べ替えを行う場合は SORT 関数（124 ページ参照）を組み合わせます。たとえば上の例で「=SORT(UNIQUE(B3:B9))」とすると、重複なしで範囲内の値が昇順で表示されます。

	A	B	C	D	E	F
1	1月会議室利用申請					
2	氏名	会議室名	日付	時刻		1月利用会議室
3	岸野 大智	1A	2023/1/6	13:00		1A
4	橘 直美	2A	2023/1/13	12:30		1D
5	横溝 晃一	1A	2023/1/17	10:00		2A
6	岸野 大智	1D	2023/1/17	16:00		3A
7	山田 圭一	2A	2023/1/25	13:00		
8	神田 あかり	3A	2023/1/27	15:00		
9	横溝 晃一	3A	2023/1/31	10:00		
10						
11						
12						
13						

Excelのバージョンと関数

Excelのアプリは数年ごとに改訂が行われ、その段階を示すのがバージョンです。リリースされた年がバージョン名となり、本書執筆時点での最新バージョンは「Excel 2021」になります。

Excel 2021ではスピル（180ページ参照）機能が追加され、SORT関数（124ページ参照）やUNIQUE関数（126ページ参照）、XLOOKUP関数（170ページ参照）などスピル機能を使った関数が新たに利用できるようになりました。これらの関数はExcel 2019以前のアプリでは互換性はなく、利用することができません。

また、上記とは別にMicrosoftのサブスクリプションサービス「Microsoft 365」では、最新のExcelがデスクトップ版アプリやブラウザ版で利用できます。2022年に追加されたTEXTSPLIT関数（108ページ参照）やVSTACK関数など14個の関数は現在、Microsoft 365版のExcelでのみの利用が可能です。Excel 2021で利用可能になった関数も、以前はMicrosoft 365版のExcelで先行利用が可能でした。

なお、Excelのバージョンは、［ファイル］タブをクリックし、［アカウント］をクリック、または［その他］をクリックして［アカウント］をクリックすると、「製品情報」の下に表示されます。初めて利用するパソコンでバージョンを確認したいときなどは、ここを確認しましょう。

関数で条件を
設定しよう

IF関数で
処理を場合分けしよう

書式

=IF(論理式,[値が真の場合],[値が偽の場合])

条件により場分けされる値を求める

条件を**論理式**として指定し、条件を満たしたら**値が真の場合**として指定した処理を実行し、条件を満たさなかった場合は**値が偽の場合**として指定した処理を実行する関数です。

引数

論理式　　　条件を判定する数式を比較演算子（下の表参照）を利用して指定します。

値が真の場合　論理式の条件を満たして「TRUE」になったときに実行する処理を指定します。

値が偽の場合　論理式の条件を満たさず「FALSE」になったときに実行する処理を指定します。

比較演算子	意味	例
=	AとBが等しい	A=B
<>	AとBが異なる	A<>B
>	AがBより大きい	A>B
<	AがBより小さい（未満）	A<B
>=	AがB以上	A>=B
<=	AがB以下	A<=B

1 指定した数値を超えているかを判別する

=IF(D3>150000,"達成","")

D3セルの値が150000より大きい場合は「**達成**」と**表示**させ、そうでない場合は何も表示しない

E3		✓ : × ✓ fx	=IF(D3>150000,"達成","")				
	A	B	C	D	E	F	G	H
1	2月入場料成績						
2	日付	大人 来客者数	こども 来客者数	入場料収入	目標達成		
3	2月1日	80	32	185,600	達成		
4	2月2日	67	18	148,400			
5	2月3日	59	13	128,400			
6	2月4日	74	21	164,800	達成		
7	2月5日	89	37	207,600	達成		
8	2月6日	55	9	117,200			
9							

条件を満たしていると「達成」が表示される

D3>150000 「もし○○なら」を数式で指定します。セル範囲で指定し、スピル機能(180ページ参照)で自動表示させることもできます。

"達成" 論理式の条件を満たす場合は、「達成」を表示するよう指定します。

" " 論理式の条件を満たさない場合は、何も表示しないよう指定します。

何も表示しないようにするには、
2つ目、または3つ目の引数で
「""」と指定します

2つ目、3つ目の引数はどちらかを省略することができます。
その場合、条件を満たす場合の戻り値は「0」と表示され、
条件を満たしていない場合の戻り値は「FALSE」と表示されます

=IF(D12="","",C12*D12)

D12セルが空白の場合は**何も表示せず**、空白ではない場合はC12とD12の
数値を掛け算する

E12	∨	:	× ✓ fx	=IF D12="","" C12*D12				
	A	B	C	D	E	F	G	H
1								
2			請求書					
3				株式会社技術商事				
11	品名		数量	単価	合計			
12	商品A		2	50,000	100,000			
13								
14								
15				小計	100,000			
16				消費税	10,000			
17				合計	110,000			

> D12セルが未入力の場合は何も表示しない

D12=""　「項目に何もない場合」という条件を指定します。ここではD12
としています。

""　　　論理式の条件を満たす場合は、何も表示しないよう指定します。

C12*D12　論理式の条件を満たさない場合は、C12セルとD12セルを掛け
算するよう指定します。

数式だけだと「0」と出てしまう

E12セルに「=C12*D12」と入力し、そ
れをE13セル、E14セルにオートフィ
ルコピーした場合、D列に価格が何も入
力されていないとE列に「0」と表示さ
れてしまいます。上のIF関数ではこれ
を非表示にするよう指定しています。

単価	合計
50,000	100,000
	0
	0
小計	100,000
消費税	10,000
合計	110,000

③ 処理を3つに場合分けする

=IF(D7>200000,"大入り",
IF(D7>150000,"達成",""))

D7セルの値が200000より大きい場合は「**大入り**」と表示させ、そうでない
場合は150000より大きい場合は「達成」と表示し、さらにそうでない場合は
何も表示しない

E7		⌄	:	× ✓ fx	=IF(D7>200000,"大入り",IF(D7>150000,"達成",""))			
	A	B	C	D	E	F	G	H
1	2月入場料成績							
2	日付	大人 来客者数	こども 来客者数	入場料収入	目標達成			
3	2月1日	80	32	185,600	達成			
4	2月2日	67	18	148,400				
5	2月3日	59	13	128,400				
6	2月4日	74	21	164,800	達成			
7	2月5日	89	37	207,600	大入り			
8	2月6日	55	9	117,200				
9								

条件を満たしていると「大入り」が表示される

D7>200000 　　　　　　　　　「もし○○なら」を数式で指定します。セル
　　　　　　　　　　　　　　　範囲で指定し、スピル機能で自動表示させ
　　　　　　　　　　　　　　　ることもできます。

"大入り" 　　　　　　　　　　論理式の条件を満たす場合は、「大入り」を
　　　　　　　　　　　　　　　表示するよう指定します。

IF(D7>150000,"達成","") 　　論理式の条件を満たさない場合、さらに
　　　　　　　　　　　　　　　「D7セルの値が150000より大きい場合は
　　　　　　　　　　　　　　　「達成」と表示し、そうでない場合は何もし
　　　　　　　　　　　　　　　ない」という条件を処理して実行します。

処理を3つ以上に場合分けするには、
IFS関数（134ページ参照）を使うこともできます

IFS関数で
複数の条件を利用しよう

=IFS(論理式1, 値が真の場合1, …)
条件により異なる値を3つ以上求める

値が指定した条件なのかどうかを判別し、指定した複数の場合分けの処理を実行する関数です。条件を指定する論理式と値が真の場合は最大127組まで指定することができます。

なお、IFS関数はExcel 2019より利用できる関数です。それ以前のバージョンのExcelは、IF関数どうしを組み合わせるなどして利用しましょう(133ページ参照)。

指定したどの引数の
条件にも満たない場合は、
「#N/A」のエラーが
表示されます

133ページの数式は、
IFS関数では
「=IFS(D3>200000,
"大入り",D3>150000,"
達成",D3<150000,"")」
となります

引数

論理式	条件を判定する数式を比較演算子(130ページの表参照)を利用して指定します。
値が真の場合	論理式の条件を満たして「TRUE」となったときに実行する処理を指定、または表示する文字列を「"」(ダブルクォーテーション)で前後をはさんで指定します。

1 条件に基づいた表示を指定する

=IFS(E2>1500000,"秀",
E2>1000000,"優",
E2<=1000000,"良")

E2セルの値が1500000より大きい場合は「**秀**」と**表示**させ、そうでない場合かつ100000より大きい場合は「**優**」と**表示**し、それも異なる場合に1000000以下の場合は「**良**」と**表示**する

F2	∨	:	× ✓ fx	=IFS(E2>1500000,"秀",E2>1000000,"優",E2<=1000000,"良")				
	A	B	C	D	E	F	G	H	I
1	品名	東京店	埼玉店	千葉店	品別合計	売上評価			
2	ラーメン	580,000	464,000	458,000	1,502,000	秀			
3	うどん	561,000	317,000	359,000	1,237,000	優			
4	そば	204,000	193,000	252,000	649,000	良			
5	カレー	579,000	420,000	403,000	1,402,000	優			
6	カツカレー	201,000	142,000	198,000	541,000	良			
7	かつ丼	410,000	298,000	301,000	1,009,000	優			
8									

条件に基づいた表示がされた

E2>1500000 「もし○○なら」を数式で指定します。セル範囲で指定し、スピル機能（180ページ参照）で自動表示させることもできます。

"秀" 1つ目の論理式の条件を満たす場合は、「秀」を表示するよう指定します。

E2>1000000 「もし○○なら」を数式で指定します。セル範囲で指定し、スピル機能で自動表示させることもできます。

"優" 2つ目の論理式の条件を満たす場合は、「優」を表示するよう指定します。

E2<=1000000 「もし○○なら」を数式で指定します。セル範囲で指定し、スピル機能で自動表示させることもできます。

"良" 3つ目の論理式の条件を満たす場合は、「良」を表示するよう指定します。

=IFS(E2>1500000,"A",
E2>1000000,"B",
TRUE,"C")

E2セルの値が1500000より大きい場合は「**A**」と表示させ、そうでない場合に1000000より大きい場合は「**B**」と表示、そうでない場合は「**C**」と表示する

F2	∨ : × ✓ fx	=IFS(E2>1500000 "A" E2>1000000 "B" TRUE "C")						
	A	B	C	D	E	F	G	H	I
1	品名	東京店	埼玉店	千葉店	品別合計	売上評価		
2	ラーメン	580,000	464,000	458,000	1,502,000	A		
3	うどん	561,000	317,000	359,000	1,237,000	B		
4	そば	204,000	193,000	252,000	649,000	C		
5	カレー	579,000	420,000	403,000	1,402,000	B		
6	カツカレー	201,000	142,000	198,000	541,000	C		
7	かつ丼	410,000	298,000	301,000	1,009,000	B		
8								
9								

条件に基づいた表示がされた

E2>1500000	「もし○○なら」を数式で指定します。セル範囲で指定し、スピル機能で自動表示させることもできます。
"A"	1つ目の論理式の条件を満たす場合は、「A」を表示するよう指定します。
E2>1000000	「もし○○なら」を数式で指定します。セル範囲で指定し、スピル機能で自動表示させることもできます。
"B"	2つ目の論理式の条件を満たす場合は、「B」を表示するよう指定します。
TRUE	ここでは論理式の1つ目、2つ目以外が「TRUE」となるので、「TRUE」を指定します。
"C"	3つ目の論理式の条件を満たす場合は、「C」を表示するよう指定します。

③ 条件に基づいて指定する値を加算する

=IFS(C2>=80,D2+3,C2>=50,D2+7, C2>=10,D2+14,C2<10,D2+21)

C2セルの値が80以上の場合はD2セルに3日を加えた日付を表示させ、C2セルの値が50以上の場合はD2セルに7日を加えた日付を表示させ、C2セルの値が10以上の場合はD2セルに14日を加えた日付を表示させ、C2セルの値が10未満の場合はD2セルに21日を加えた日付を表示させる

E2		∨ : × ✓ fx	=IFS(C2>=80,D2+3,C2>=50,D2+7,C2>=10,D2+14,C2<10,D2+21)							
	A	B	C	D	E	F	G	H	I	J
1	No.	商品コード	在庫数	受注日	出荷日					
2	1	ADS11129	48	2023/1/10	2023/1/24					
3	2	A-XC12	89	2023/1/10	2023/1/13					
4	3	CZ-30001	9	2023/1/10	2023/1/31					
5	4	ADS11139	62	2023/1/10	2023/1/17					
6	5	440011-X	25	2023/1/10	2023/1/24					
7										

条件に基づいた表示がされた

C2>=80 　「もし○○なら」を数式で指定します。セル範囲で指定し、スピル機能で自動表示させることもできます。

D2+3 　　1つ目の論理式の条件を満たす場合は、「3」を加えた数値を表示するよう指定します。

C2>=50 　「もし○○なら」を数式で指定します。セル範囲で指定し、スピル機能で自動表示させることもできます。

D2+7 　　2つ目の論理式の条件を満たす場合は、「7」を加えた数値を表示するよう指定します。

〜〜〜〜〜〜〜〜〜〜〜〜〜〜〜〜〜〜〜〜〜〜〜〜〜

C2<10 　　「もし○○なら」を数式で指定します。セル範囲で指定し、スピル機能で自動表示させることもできます。

D2+21 　　4つ目の論理式の条件を満たす場合は、「21」を加えた数値を表示するよう指定します。

AND／OR／NOT関数で細かく条件を指定しよう

書式

=AND(論理式1,[論理式2],…)

すべての条件を満たすか判別する

=OR(論理式1,[論理式2],…)

いずれかの条件を満たすか判別する

=NOT(論理式)

引数の値を反転させる

複数の条件を付ける場合、すべての条件を満たしているかどうかを判別するにはAND関数を利用し、条件のいずれかを満たしているかどうかを判別するにはOR関数を利用します。条件は論理式として指定します。

また、条件が満たされているかどうかを判別し、満たされていない場合は「TRUE」、満たされている場合は「FALSE」と値を反転させて戻り値にするのがNOT関数です。

1つの条件を判別するには、
「=A1=B1」のように、
関数を使う必要はありません

引数

論理式　　条件を判定する数式を比較演算子（130ページの表参照）を利用して指定します。

1 すべて平均値以上かを判別する

=AND($B2>=$B$8,$C2>=$C$8)

B2セルの値がB8セルの値以上かつC2セルの値がC8セルの値以上か判別する

	D2		∨ :	× ✓ fx	=AND($B2>=$B$8,$C2>=$C$8)				
	A	B	C	D	E	F	G	H	I
1	氏名	商品知識	接客応対	総合判定					
2	平川 正彦	7	7	TRUE					
3	井筒 洋子	4	8	FALSE					
4	橋本 秀美	7	6	FALSE					
5	長谷川 雄大	4	4	FALSE					
6	佐々木 大吾	7	8	TRUE					
7	野川 詩織	9	8	TRUE					
8	平均値：	6.3	6.8						

> すべて条件を満たしているので「TRUE」と表示された

$B2>=$B$8 　1つ目の条件を指定します。ここでは、セルの行を固定する複合参照（37ページ参照）とセルの行と列を固定する絶対参照（36ページ参照）で指定しています。

$C2>=$C$8 　2つ目の条件を指定します。1つ目の引数と同じく、複合参照と絶対参照で指定しています。

Step up

戻り値を文字列で表示する

IF関数を組み合わせることで、戻り値の「TRUE」「FALSE」を文字列に置き換えることができます。たとえば上の例で「TRUE」を「優秀」、「FALSE」を空白とする場合は、以下の数式になります。

	A	B	C	D
1	氏名	商品知識	接客応対	総合判定
2	平川 正彦	7	7	優秀
3	井筒 洋子	4	8	
4	橋本 秀美	7	6	
5	長谷川 雄大	4	4	
6	佐々木 大吾	7	8	優秀
7	野川 詩織	9	8	優秀
8	平均値：	6.3	6.8	
9				
10				

=IF(AND($B2>=$B$8,$C2>=$C$8),"優秀","")

② いずれかが条件を満たすかを判別する

=OR(B2>=70,C2>=70)

B2セルとC2セルのいずれかが70以上か判別する

	A	B	C	D	E	F	G	H	I
				D2 ∨ ⋮ × ✓ fx =OR(B2>=70,C2>=70)				
1	氏名	地理	歴史	合否					
2	堀米 豪	89	60	TRUE					
3	飯塚 昌代	65	67	FALSE					
4	穂積 忠利	78	84	TRUE					
5	山北 倫太郎	60	72	TRUE					
6	羽田 亜津沙	92	83	TRUE					
7	南川 勇気	57	69	FALSE					
8									

> いずれかが条件を満たしているので「TRUE」と表示された

B2>=70 1つ目の条件を指定します。

C2>=70 2つ目の条件を指定します。

Hint AND 関数を組み合わせる

地理と歴史のいずれかが７０点以上で、かつ総合が７０点以上の場合は合格とした場合、OR 関数と AND 関数を組み合わせて以下のような数式で判別することができます。

=AND(OR(B2>=70,C2>=70),D2>=70)

	A	B	C	D	E
1	氏名	地理	歴史	総合	合否
2	堀米 豪	89	60	73	TRUE
3	飯塚 昌代	65	67	68	FALSE
4	穂積 忠利	78	84	69	FALSE
5	山北 倫太郎	60	72	65	FALSE
6	羽田 亜津沙	92	83	85	TRUE
7	南川 勇気	57	69	71	FALSE
8					

③ 条件を満たす値を反転する

=NOT(E2="東京都")

E2セルが「東京都」ではないか判別する

G2		∨ : × ✓ fx	=NOT(E2="東京都")						
	A	B	C	D	E	F	G	H	I
1	No.	氏名	所属	入社年	住所		東京以外		
2	N-0211	黒鉄 佑季	営業部	2018年	東京都		FALSE		
3	N-0225	初川 夏雄	経理部	2019年	千葉県		TRUE		
4	N-0193	林田 真琴	経理部	2016年	東京都		FALSE		
5	N-0237	小石川 太	編集部	2022年	埼玉県		TRUE		
6	N-0229	湯田 敦子	総務部	2020年	東京都		FALSE		
7									

条件を満たす値なので反転した「FALSE」が表示された

E2="東京都"　結果を反転して表示したい条件を指定します。セル範囲で指
　　　　　　定し、スピル機能（180ページ参照）で自動表示させることも
　　　　　　できます。

AND 関数や OR 関数の結果を反転する

AND 関数や OR 関数の結果を反転させたい場合も、NOT 関数を利用
します。たとえば 140 ページ上の OR 関数の結果を反転させるには、
以下の関数を利用します。

=NOT(OR(B2>=70,C2>=70))

	A	B	C	D
1	氏名	地理	歴史	合否
2	堀米 豪	89	60	FALSE
3	飯塚 昌代	65	67	TRUE
4	穂積 忠利	78	84	FALSE
5	山北 倫太郎	60	72	FALSE
6	羽田 亜津沙	92	83	FALSE
7	南川 勇気	57	69	TRUE
8				

ISERROR関数で
エラーの有無を判定しよう

書式

=ISERROR(テストの対象)

エラーになるかどうかを判定する

セルに入力した数式がエラーになるかどうかを判定する関数です。Excelでは、「#VALUE!」「#N/A」「#DIV/0!」「#REF!」「"NUM!」「#NAME?」「#NULL!」「#スピル!」といったエラーが表示されることがありますが、これらが表示されるかどうかを判定します。

テストの対象には、エラー判定をしたい数式を指定します。判定した結果、エラーになる場合は「TRUE」が表示され、エラーにならない場合は「FALSE」が表示されます。

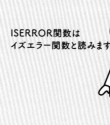

セルに文字が
収まりきらないときや
シリアル値が
マイナスの場合に
表示される「#####」
というエラーは
判定することはできません

ISERROR関数は
イズエラー関数と読みます

引数

テストの対象　エラーになるかどうかを判定したい値、または数式、セルを指定します。

1 指定した数式がエラーになるかを判定する

=ISERROR(C2/B2)

「C2セルをB2セルで割る」という数式がエラーになるか判定する

D2		✓	:	× ✓ fx	=ISERROR C2/B2				
	A	B	C	D	E	F	G	H	I
1	支店名	前週売上	今週売上	前週比					
2	札幌店	1,908,000	2,100,300	FALSE					
3	東京店	臨時休業	5,287,000	TRUE					
4	名古屋店	3,395,000	3,359,000	FALSE					
5	大阪店	4,917,000	4,948,000	FALSE					
6	福岡店	3,008,100	集計中	TRUE					
7									
8									

エラーかどうかの判定が表示された

C2/B2 前週比を計算する数式を指定します。セル範囲で指定し、スピル機能（180ページ参照）で自動表示させることもできます。

表示されたエラーを
任意の文字列にする
関数もあります
（144ページ参照）

「#N/A」以外のエラーかを判別する関数

セルの値が「#N/A」（参照先に値がないときなどに出るエラー）以外のエラーかどうかを判別するには、以下の関数を利用します。「#N/A」以外のエラーの場合は「TRUE」が表示され、それ以外は「FALSE」が表示されます。

=ISERR(テストの対象) 「#N/A」以外のエラーか判別する

書式

=IFERROR(値, エラーの場合の値)

エラーの場合は指定した値を表示する

セルに入力した数式がエラーになった場合、指定した文字列などの値を表示する関数です。セルの値がエラーになった場合に、任意の文字列、「0」、空白セルなど指定した**エラーの場合の値**を表示できます。
なおIFERROR関数は、ISERROR関数（142ページ参照）と同様に「#VALUE!」「#N/A」「#DIV/0!」「#REF!」「"NUM!」「#NAME?」「#NULL!」「#スピル!」などのエラーに対応していますが、「#####」のエラーには対応してません。

IFERROR関数は
さまざまな関数と
組み合わせて利用できますが、
なかでもVLOOKUP関数
（156ページ参照）と
組み合わせて利用すると便利です

引数

値	エラーになるかどうかを判定したい値、または数式、セルを指定します。
エラーの場合の値	1つ目の引数がエラーの場合に表示する値を指定します。文字列の場合は「"」（ダブルクォーテーション）ではさんで指定します。

数式がエラーの場合は「ー」を表示する

=IFERROR(C3/B3,"ー")

「C3セルをB3セルで割る」という数式がエラーの場合は「ー」を表示する

	D3		✓ : × ✓ fx	=IFERROR(C3/B3,"ー")					
	A	B	C	D	E	F	G	H	I
1	支店名	前週売上	今週売上	前週比					
2	札幌店	9,908,000	10,100,300	102%					
3	東京店	臨時休業	14,287,000	ー					
4	名古屋店	13,395,000	12,359,000	92%					
5	大阪店	10,917,000	12,948,000	119%					
6	福岡店	10,008,100	集計中	ー					
7									
8									

> エラーなので「ー」が表示された

C3/B3 前週比を計算する数式を指定します。セル範囲で指定し、スピル機能（180ページ参照）で自動表示させることもできます。

"ー"   値がエラーの場合、「ー」と表示させるように指定しています。

Hint

IF関数で代用する

IFERROR関数はExcel 2007から利用できる関数ですが、さらに古いバージョンを利用しているユーザーとファイルを共有する場合などは、以下のように、IF関数とISERROR関数を組み合わせることで代用しましょう。

=IF(ISERROR(C2/B2)=FALSE,(C2/B2),"ー")

=IFERROR
(RANK.EQ(B5,$B$3:$B$8,0),"")

RANK.EQ関数がエラーの場合は**空白セルを表示する**

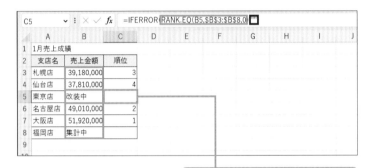

エラーなので空白セルが表示された

RANK.EQ(B5,$B$3:$B$8,0)

RANQ.EQ関数を組み合わせます。B列に文字列が入力されていると、C5セルやC8セルに「#VARUE!」が表示されてしまいます。

"" 値がエラーの場合、空白セルを表示するように指定しています。

Excel のエラー

Excel のエラーの種類は 144 ページに記述したもの以外にもさまざまあります（188 ページ参照）。エラーを見ることで、どのような間違いなのかを読み解くこともできます。しかし、エラーが表示されると見栄えがよくないため、ほかの文字列に置き換えたり、非表示にしたりしたいときもあります。そのような場合にこの関数を利用します。

③ 該当しないセルは非表示にする

=IFERROR
(IFS(B3=MAX($B$3:$B$8),
"1位",B3=MIN($B$3:$B$8),
"最下位"),"")

IFS関数がエラーの場合は**空白セルを表示**する

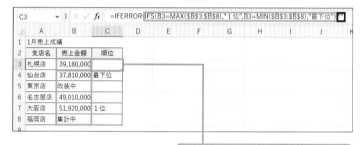

	A	B	C	D	E	F	G	H	I	J
1	1月売上成績									
2	支店名	売上金額	順位							
3	札幌店	39,180,000								
4	仙台店	37,810,000	最下位							
5	東京店	改装中								
6	名古屋店	49,010,000								
7	大阪店	51,920,000	1位							
8	福岡店	集計中								

C3 = =IFERROR IFS(B3=MAX($B$3:$B$8),"1位",B3=MIN($B$3:$B$8),"最下位")

> エラーなので空白セルが表示された

IFS(B3=MAX($B$3:$B$8),"1位",B3=MIN($B$3:$B$8),"最下位")

> MAX関数とMIN関数を組み合わせたIFS関数を組み合わせます。指定された条件以外のセルに「#N/A」が表示されてしまいます。

"" 値がエラーの場合、空白セルを表示するように指定しています。

Memo 「#N/A」のエラーのみを処理する関数

エラーの種類が「#N/A」の場合のみ、任意の文字列や空白セルなどを表示するのが、以下の関数です。「#N/A」以外のエラーはそのまま表示されます。

=IFNA(値、エラーの場合の値) 「#N/A」の場合は指定した値を表示する

SUMIF／COUNTIF関数で
条件を満たすデータを数えよう

書式

=SUMIF(範囲,検索条件,〔合計範囲〕)

条件を満たすデータの合計を求める

=COUNTIF(範囲, 検索条件)

条件を満たすデータを数える

指定した範囲に検索条件を満たす値があった場合、それと同じ行にある値の合計を求めることができるのがSUMIF関数です。どの行の値を求めるかは、合計範囲で指定します。この関数を利用すると、表の中に特定の文字列の値だけを合計する、といった計算ができます。
また、範囲に指定した検索条件を満たす値のセルの数を数えるには、COUNTIF関数を利用します。

範囲と合計範囲を
逆にしないように
気を付けましょう

引数

範囲	検索条件を検索する対象のセル範囲を指定します。
検索条件	範囲からセルを検索する条件を数値、比較演算子（130ページの表参照）を使った数式、文字列などで指定します。数値以外の検索条件を指定する場合は、「"」（ダブルクォーテーション）ではさみます。
合計範囲	合計する対象のセル範囲を指定します。省略すると、検索条件を満たす範囲の数値が計算され、文字列、空白セル、論理値（TRUEまたはFALSE）などは無視されます。

1 条件を満たすデータの数値を合計する

=SUMIF(B2:B7,G3,E2:E7)

B2セルからB7セルの範囲でG3セルの値を含むE2セルからE7セルの合計範囲の値を求める

「カフェラテ」の合計金額が表示された

B2:B7 条件を検索する対象のセル範囲を指定します。

G3 検索する条件となる文字列が入力されているセルを指定します。

E2:E7 範囲内に検索条件がある場合、相対的な行にあるセルの数値を合計するようセル範囲を指定します。

2 条件を満たすデータを数える

=COUNTIF(B3:B8,D3)

B3セルからB8セルの範囲でD3セルと同じ値の数を求める

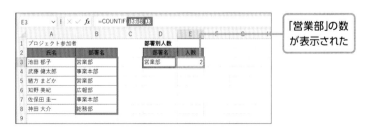

「営業部」の数が表示された

B3:B8 条件を検索してそれがいくつか数える対象のセル範囲を指定します。

D3 検索する条件となる文字列が入力されているセルを指定します。

MAXIFS／MINIFS関数で条件を満たすデータの最大値／最小値を求めよう

書式

=MAXIFS(最大範囲,条件範囲1,条件1,…)

条件を満たすデータの最大値を求める

=MINIFS(最小範囲,条件範囲1,条件1,…)

条件を満たすデータの最小値を求める

条件範囲の中から条件に合う数値を検索し、その中から最大値を求めるのがMAXIFS関数で、最小値を求めるのがMINIFS関数です。表示するのはそれぞれ最大範囲／最小範囲の値になります。この関数を使うことで、表内にある数値の中の異常値を除外したり、データ区間を指定したりして最大値や最小値を求めることができます。

条件範囲と条件は
最大126組まで
指定することができます

条件が満たされなかった
場合には戻り値は「0」に
なります

引数

最大範囲	最大値を求めるセル範囲を指定します。
最小範囲	最小値を求めるセル範囲を指定します。
条件範囲	指定された条件を検索するセル範囲を指定します。
条件	最大値／最小値を求める対象となる検索する数値を検索するための条件を指定します。数値以外の検索条件を指定する場合は、「"」（ダブルクォーテーション）ではさみます。

1 条件に合うデータの最大値を求める

=MAXIFS(B3:B10,A3:A10,"<=2022/12/31")

A3セルからA10セルの範囲の値が**2022年12月31日以前**であるB3セルからB10セルの範囲の値の最大値を求める

> 2022年末までの最大値が表示された

B3:B10　　　　　　条件を満たす最大値を求めるセルの範囲を指定します。

A3:A10　　　　　　年月について検索するので、「年月」の列（A列）のセルの範囲を指定します。

"<=2022/12/31"　検索する条件「2022年12月31日以前」を指定します。

2 条件に合うデータの最小値を求める

=MINIFS(B3:B10,A3:A10,">=2023/1/1")

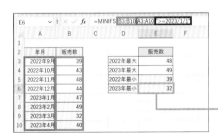

A3セルからA10セルの範囲の値が**2023年1月1日以降**であるB3セルからB10セルの範囲の値の最小値を求める

> 2023年以降の最小値が表示された

B3:B10　　　　　　条件を満たす最小値を求めるセルの範囲を指定します。

A3:A10　　　　　　年月について検索するので、「年月」の列（A列）のセルの範囲を指定します。

">=2023/1/1"　検索する条件「2023年1月1日以降」を指定します。

SUBTOTAL関数で条件ごとに計算しよう

書式

=SUBTOTAL(集計方法,参照1,…)

指定した集計方法で計算する

参照する指定範囲の値を、合計、平均などの多彩や集計方法から指定して計算を求める関数です。集計方法は11種類あります。

Excelのフィルター機能による抽出で行が非表示になっている場合は、それらを除外して計算することができます。また、参照にSUBTOTAL関数が入力されているセルが含まれている場合は、そのセルは計算の対象外になります。

引数

集計方法 合計、平均、個数、最大値、最小値な集計の内容に対応する番号(下の表参照)を指定します。

参照 集計するセル範囲を指定します。

集計方法 ※	1 (101)	2 (102)	3 (103)	4 (104)	5 (105)	6 (106)
集計内容	平均	個数	空白以外の個数	最大値	最小値	積(掛け算)
対応関数	AVERAGE	COUNT	COUNTA	MAX	MIN	PRODUCT

集計方法 ※	7 (107)	8 (108)	9 (109)	10 (110)	11 (111)
集計内容	標本標準偏差	標準偏差	合計	不偏分散	分散
対応関数	STDEV.S	STDEV.P	SUM	VAR.S	VAR.P

※「( )」(カッコ)内の数を指定すると手動で非表示にした行を除外して集計します

1 指定したセル範囲の合計を求める

=SUBTOTAL(9,E2:E10)

E2セルからE10セルの合計を求める

	A	B	C	D	E	F	G	H	I
	E12	∨ ⋮ × ✓ ƒx	=SUBTOTAL(9,E2:E10)						
1	日付	品名	単価	個数	売上金額				
2	3月	ブレンドコーヒー	500	72	1,872,000				
3		カフェラテ	550	100	2,059,200				
4		エスプレッソ	450	48	1,684,800				
5		アイスコーヒー	500	52	1,872,000				
6				小計	7,488,000				
7	4月	ブレンドコーヒー	500	80	2,800,000				
8		カフェラテ	550	111	3,080,000				
9		エスプレッソ	450	65	2,520,000				
10		アイスコーヒー	500	70	2,800,000				
11				小計	11,200,000				
12				総計	18,688,000				
13									

売上総計が表示された

9 数値の合計を求めるので「9」を指定します。

E2:E10 合計の対象とするE2セルからE10セルの範囲を指定します。

右クリックするなどして
非表示にした行を
集計から除外したい場合は、
集計方法の番号に
100を加算した番号を
1つ目の引数に指定します

ここでは小計している
E6セルにも
SUBTOTAL関数が
入力されているので、
参照に含まれていても
除外して計算されます

=SUBTOTAL(9,E4:E14)

E4セルからE14セルに入力されている数値のフィルター抽出後の合計を求める

B1		✓ : × √ fx	=SUBTOTAL(9,E4:E14)					
	A	B	C	D	E	F	G	H	I
1	売上高	3,400						
2								
3	ジャンル .r	品名 ▾	単価 ▾	個数 ▾	売上金額 ▾			
4	麺類	うどん	500	1	500			
8	麺類	うどん	500	1	500			
10	麺類	ラーメン	500	3	1,500			
14	麺類	そば	450	2	900			
15								

> 売上金額の合計が表示された

9 　　　　　数値の合計を求めるので「9」を指定します。

E4:E14 　合計の対象とするE4セルからE14セルの範囲を指定します。

フィルターを
かけ直しても、
このまま利用できます

ここではフィルターで
「ジャンル」を「麺類」で
抽出しているので、
麺類だけの合計金額が
算出されています

フィルターを設定する

フィルター機能を利用するには、見出しを含めた表すべてのセルを選択し、[ホーム] タブの [編集] グループにある [並べ替えとフィルター]→[フィルター] の順にクリックします。

Chapter

8

VLOOKUP関数を
使ってみよう

VLOOKUP関数とは

書式

=VLOOKUP(検索値,範囲, 列番号,[検索方法])

データを検索して値を調べる

表やテーブルのデータを縦方向に検索して値を調べる関数です。範囲にあるデータから**検索値**を指定した**検索方法**で探し、その値と同じ行の指定**列番号**の値を調べることができます。

VLOOKUP関数は、
Excel関数の中でも利用
頻度の高い関数です。
しっかりマスターして、
仕事のスピードを
向上させましょう

引数

検索値	検索する値、または値が入力されているセルを指定します。
範囲	検索の対象となるセル範囲、またはセル範囲に付けた名前、またはテーブル名を指定します。
列番号	2つ目の引数「範囲」の左端を1列目とし、調べたい値がある列が何列目なのかを数値で指定します。
検索方法	1つ目の引数「検索値」に一致する値を調べたい場合は「FALSE」、検索値に近い値を調べたい場合は省略、または「TRUE」を指定します（157ページ参照）。

1 検索方法を「TRUE」とする場合の考え方

引数のうち「検索方法」は、多くの場合は検索値と一致する値を調べる「FALSE」を指定します。ではもう一方の検索方法「TRUE」の場合は、どのような検索が行われるのでしょうか。

検索方法を省略、または「TRUE」を指定すると、「検索値未満の数値のうちもっとも検索値に近い数値」を調べる**近似検索**が実行されます。そのため、検索値以上の値で検索値にもっとも近い数値があっても、検索値未満の数値でやや離れている数値が調べられます。

よって、この方法で検索する場合は、必ず表のデータは昇順(小さい順)に並べる必要があります。

=VLOOKUP(B3,$E$3:$G$6,3,TRUE)

B3セルの値を**E3セルからG6セルの範囲の表**で近似検索し、該当したら表の3列目の値を調べる

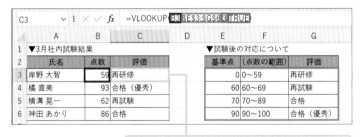

点数が基準点に対応する「再研修」が表示された

B3 調べたい値が入力されているセルを指定します。

$E$3:$G$6 検索の対象となる表をセル範囲で指定します。ここでは、セルの行と列を固定する絶対参照(36ページ参照)で指定しています。

3 2つ目の引数「範囲」の左から3列目の値を戻り値として表示したいので、ここでは「3」と指定します。

TRUE 完全に一致する値を調べず、近似検索を調べるので、「TRUE」と指定します。「TRUE」は省略することもできます。

VLOOKUP関数で値を取り出そう

範囲内の指定列から値を調べる①

=VLOOKUP(F2,$A$2:$D$10,2,FALSE)

F2セルの値を**A2セルからD10セルの範囲の表**に一致するものがあるか検索し、該当したら**表の2列目**の値を調べる

	元に戻す	クリップボード		フォント			配置		数値

G2	⌄	⋮	×	✓	fx	=VLOOKUP(F2,$A$2:$D$10,2,FALSE)		

	A	B	C	D	E	F	G
1	商品コード	品名	単価	在庫数		商品コード	品名
2	A-3310	フィルター10枚	200	40		A-3310	フィルター10枚
3	A-3340	フィルター40枚	390	60		A-3340	フィルター40枚
4	RCB-B200	焙煎豆ブラジル200g	800	19		A-4010	新フィルター10枚
5	DP-A006	ドリップパック 6個	600	27			
6	200S-350A	マグカップA	2,000	6			
7	200S-350C	マグカップC	2,300	3			
8	A-4010	新フィルター10枚	220	59			
9	RCB-K400	焙煎豆ケニア400g	1,200	8			
10	DP-A012	ドリップパック 12個	1,100	23			
11							

商品コードと一致する品名が表示された

F2	調べたい値が入力されているセルを指定します。スピル機能（180ページ参照）で指定し、自動表示させることもできます。
$A$2:$D$10	検索の対象となる表をセル範囲で指定します。ここでは、セルの行と列を固定する絶対参照（36ページ参照）で指定しています。
2	2つ目の引数「範囲」の左から2列目の値を戻り値として表示したいので、ここでは「2」と指定します。
FALSE	完全に一致する値を調べるので、「FALSE」を指定します。

=VLOOKUP(A11,A2:D8,4,FALSE)

A11セルの値をA2セルからD8セルの範囲の表**に一致するものがあるか検索し、該当したら**表の4列目**の値を調べる**

種類と産地が一致する
単価が表示された

A11 調べたい値が入力されているセルを指定します。

A2:D8 検索の対象となる表をセル範囲で指定します。

4 2つ目の引数「範囲」の左から4列目の値を戻り値として表示したいので、ここでは「4」と指定します。

FALSE 完全に一致する値を調べるので、「FALSE」を指定します。

Memo 横方向に検索して値を取り出す関数

表やテーブルのデータを横方向に検索して値を調べるには、以下の関数を利用します。引数の扱いはVLOOKUP関数と同様となりますが、3つ目の引数は行番号の指定となります。この引数は範囲の上端を1行目とし、調べたい値がある行が何行目なのかを数値で指定します。

=HLOOKUP(検索値,範囲,行番号,[検索方法])

③ 調べた値の条件により指定した文字列を表示する

=IF(VLOOKUP(F2,A2:D10,4, FALSE)>=10,"在庫あり", IF(VLOOKUP(F2,A2:D10,4,FALSE) >=1,"在庫僅か","在庫なし"))

F2セルの値をA2セルからD10セルの範囲の表に一致するものがあるか検索し、該当したら表の4列目の値を調べ、もし10以上なら「在庫あり」と表示し、10以上ではなく1以上なら「在庫僅か」、それ以外（0）なら「在庫なし」と表示する

> 商品コードの在庫数が10未満1以上なので「在庫僅か」と表示された

F2　　　　　調べたい値が入力されているセルを指定します。スピル機能で指定し、自動表示させることもできます。

A2:D10　　検索の対象となる表をセル範囲で指定します。

4　　　　　2つ目の引数「範囲」の左から4列目の値を戻り値として表示したいので、ここでは「4」と指定します。

FALSE　　完全に一致する値を調べるので、「FALSE」を指定します。

IF関数（130ページ参照）を組み合わせ、検索結果の数値の大きさにより、それぞれ3つに場合分けした処理を求めています

G2セルには158ページのようなVLOOKUP関数を入力しています

④ エラーの場合は「該当なし」と表示する

=IFERROR(VLOOKUP(F2,A2:D10, 2,FALSE),"該当なし")

F2セルの値をA2セルからD10セルの範囲の表に一致するものがあるか検索し、該当したら表の2列目の値を調べ、該当がなくエラーが表示されたら「該当なし」と表示する

	G2	▾ : × ✓ fx	=IFERROR(VLOOKUP F2 A2:D10 2 FALSE ,"該当なし")			

	A	B	C	D	E	F	G
1	商品コード	品名	単価	在庫数		商品コード	品名
2	A-3310	フィルター10枚	200	40		RCB-B201	該当なし
3	A-3340	フィルター40枚	390	60			
4	RCB-B200	焙煎豆ブラジル200g	800	19			
5	DP-A006	ドリップパック 6個	600	27			
6	200S-350A	マグカップA	2,000	6			
7	200S-350C	マグカップC	2,300	3			
8	A-4010	新フィルター10枚	220	59			
9	RCB-K400	焙煎豆ケニア400g	1,200	8			
10	DP-A012	ドリップパック 12個	1,100	23			
11							

> エラーになるため「該当なし」と表示された

F2 調べたい値が入力されているセルを指定します。スピル機能で指定し、自動表示させることもできます。

A2:D10 検索の対象となる表をセル範囲で指定します。

2 2つ目の引数「範囲」の左から2列目の値を戻り値として表示したいので、ここでは「2」と指定します。

FALSE 完全に一致する値を調べるので、「FALSE」を指定します。

> IFERROR関数
> （144ページ参照）を
> 組み合わせ、検索結果が
> エラーの場合には
> 「該当なし」と
> 表示させています

テーブルから検索しよう

データを追加・削除しても「範囲」の修正が不要

行の増減に対応

表から値を検索する場合、表のデータ（行）をあとから追加・削除すると、追加
したデータは対象外となってしまい、そのたびにVLOOKUP関数の2つ目の
引数「範囲」を修正するという作業が発生します。

また、数式を修正せずに関数をそのまま利用し、追加したデータを検索すると、
「#N/A」のエラーが表示されてしまいます。

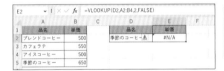

> 表の場合、更新データは
> 数式を修正しないと検索
> の対象外となる

更新することが前提の表を検索の対象としているのであれば、**表をテーブル
に変換**するとよいでしょう。テーブルを検索することで、あとからデータを追
加・削除しても、数式を修正することなくそのまま利用できます。

列の増減はCOLUMN関数を組み合わせる

また、表から値を検索する場合に項目（列）を追加・削除すると、範囲を自動的に
適したものに変更されますが、VLOOKUP関数の3つ目の引数「列番号」がずれ
てしまいます。これは表だけでなく、テーブルから検索した場合も同様です。

列の追加や削除には、COLUMN関数（120ページ参照）を組み合わせること
で、数式を修正することなくそのまま利用できます。

> 項目（列）を追加すると、
> 調べている値ではない列
> 番号のままとなる

2 表をテーブルに変換する

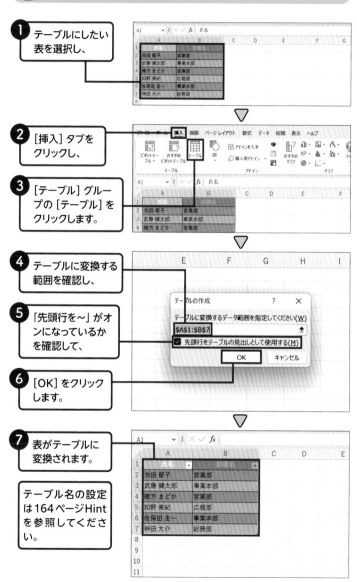

1 テーブルにしたい表を選択し、

2 [挿入] タブをクリックし、

3 [テーブル] グループの [テーブル] をクリックします。

4 テーブルに変換する範囲を確認し、

5 「先頭行を~」がオンになっているかを確認して、

テーブルの作成

テーブルに変換するデータ範囲を指定してください(W)

$A$1:$B$7

☑ 先頭行をテーブルの見出しとして使用する(M)

OK   キャンセル

6 [OK] をクリックします。

7 表がテーブルに変換されます。

テーブル名の設定は164ページHintを参照してください。

=VLOOKUP(E3,社員リスト,2,FALSE)

E3セルの値を社員リストに一致するものがあるか検索し、該当したら表の2列目の値を調べる

F3	▼ : × ✓ fx	=VLOOKUP(E3,社員リスト,2,FALSE)				
	A	B	C	D	E	F
1	氏名 ▼	部署名 ▼				
2	池田 郁子	営業部			氏名	部署名
3	武藤 健太郎	事業本部			緒方 まどか	営業部
4	緒方 まどか	営業部				
5	知野 美紀	広報部				
6	佐保田 圭一	事業本部				
7	神田 大介	総務部				

> 氏名と一致する部署名が表示された

E3　　　調べたい値が入力されているセルを指定します。スピル機能で指定し、自動表示させることもできます。

社員リスト　検索の対象となるテーブル「社員リスト」(A1:B7)を指定します(Hint参照)。

2　　　2つ目の引数「範囲」の左から2列目の値を戻り値として表示したいので、ここでは「2」と指定します。

FALSE　完全に一致する値を調べるので、「FALSE」を指定します。

Hint テーブル名を設定する

作成したテーブルに名前を設定するには、名前を付けたいテーブルのいずれかのセルを選択し、表示される[テーブルデザイン]タブをクリックします。[プロパティ]グループにある[テーブル名:]の入力欄から名前を設定することができます。

④ あとから列を追加しても対応させる

=VLOOKUP(F3,社員リスト,COLUMN (社員リスト[部署名]),FALSE)

F3セルの値を社員リストに一致するものがあるか検索し、該当したら社員リストの見出しが「部署名」の列の値を調べる

氏名と一致する部署名が表示された

F3　　　　調べたい値が入力されているセルを指定します。スピル機能で指定し、自動表示させることもできます。

社員リスト　検索の対象となるテーブル「社員リスト」（A1:C7）を指定します。

COLUMN(社員リスト[部署名])

　　　　　　テーブルの見出しに「部署名」が一致する列の値を戻り値として表示するよう、COLUMN関数を利用して指定します。

FALSE　　完全に一致する値を調べるので、「FALSE」を指定します。

COLUMN関数を
組み合わせる場合、
テーブルの左の列がA列と
なるよう調整しましょう

別のシートの表を利用しよう

1 2つ目の引数「範囲」にシート名を指定する

VLOOKUP関数で2つ目の引数「範囲」に指定するデータが、別のシートにある場合は、セル範囲の前に**シート名+「!」**(半角のエクスクラメーションマーク)を入れて指定することで、調べることができます。

たとえば以下のような「受注リスト」シートのC2セルに「商品リスト」シートの表を参照して関数を入力する場合、167ページの数式になります。

1つ目のシート(シート名「**受注リスト**」)

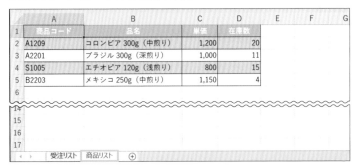

2つ目のシート(シート名「**商品リスト**」)

② 別シートの表を利用して値を調べる

=VLOOKUP(B2,商品リスト!A2:D5,2,FALSE)

B2セルの値を「商品リスト」シートのA2セルからD5セルの範囲の**表に一致するものがあるか検索し、該当したら表の2列目の値を調べる**

	A	B	C	D	E	F	G	H
	受注日	商品コード	品名	単価	受注数	金額		
2	2月1日	A2201	ブラジル 300g（深煎り）					
3								

C2 の数式バー: =VLOOKUP(B2,商品リスト!A2:D5,2,FALSE)

> 氏名と一致する所属が表示された

B2　調べたい値が入力されているセルを指定します。スピル機能（180ページ参照）で指定し、自動表示させることもできます。

商品リスト!A2:D5　検索の対象となる表をセル範囲で指定します。ここでは別のシート（「商品リスト」）の表を参照するので、シート名+「!」をセル範囲の前に指定します。

2　2つ目の引数「範囲」の左から2列目の値を戻り値として表示したいので、ここでは「2」と指定します。

FALSE　完全に一致する値を調べるので、「FALSE」を指定します。

別シートの表がテーブルの場合は、シート名は指定せず2つ目の引数「範囲」にテーブル名を指定するだけでOKです

別シート参照は、どの関数でも利用することができます

167

=VLOOKUP(B2,'-23年商品リスト'!A2:D5,2,FALSE)

B2セルの値を「-23年商品リスト」シートのA2セルからD5セルの範囲の表に
一致するものがあるか検索し、該当したら表の2列目の値を調べる

| C2 | ✓ : × ✓ fx | =VLOOKUP(B2,'-23年商品リスト'!A2:D5,2,FALSE) |

	A	B	C	D	E	F	G	H	I
1	受注日	商品コード	品名	単価	受注数	金額			
2	2月1日	A2201	ブラジル 300g (深煎り)						
3									
4									

> **商品コードと一致する品名が表示された**

B2	調べたい値が入力されているセルを指定します。スピル機能で指定し、自動表示させることもできます。
'-23年商品リスト'!A2:D5	検索の対象となる表をセル範囲で指定します。ここでは別のシート(「-23年商品リスト」)の表を参照するので、シート名+「!」をセル範囲の前に指定します。シート名が記号から始まっているので、「'」(半角のアポストロフィ)でシート名をはさみます。
2	2つ目の引数「範囲」の左から2列目の値を戻り値として表示したいので、ここでは「2」と指定します。
FALSE	完全に一致する値を調べるので、「FALSE」を指定します。

「'」なしでそのまま
入力すると、
エラーになります

シート名にスペースが
入る場合も、範囲の
指定で「'」でシート名
をはさみます

④ 複数のシートの表を利用して値を検索する

=IFERROR(VLOOKUP(B2,商品リスト1! A2:B5,2,FALSE),VLOOKUP(B2,商品リスト2! A2:B5,2,FALSE))

1つ目のVLOOKUP関数がエラーの場合は、2つ目のVLOOKUP関数を実行して表示する

> **商品コードと一致する品名が表示された**

複数のシートの表から検索値を検索する場合は、IFERROR関数（144ページ参照）を利用します。ここでは、「商品リスト1」、「商品リスト2」という複数のシートから商品コード「S3029」を検索して品名を調べています。

2つ目のシート（シート名「商品リスト1）

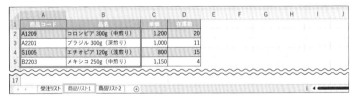

3つ目のシート（シート名「商品リスト2」）

XLOOKUP関数で範囲 から値を取り出そう

書式

=XLOOKUP(検索値,検索範囲,戻り範囲, [見つからない場合],[一致モード],[検索モード])

データを検索して値を調べる

VLOOKUP関数よりもかんたんにデータを検索して値を調べられる関数です。**検索値**を**検索範囲**から**一致モード**と検索モードで指定した方法で検索して値を調べます。見つかった場合は戻り範囲の相対的に同じ位置にあるセルの値を調べ、見つからない場合は指定した処理を行います。

引数

検索値	検索する値、または値が入力されているセルを指定します。
検索範囲	検索の対象となるセル範囲を指定します。
戻り範囲	検索で調べたいデータのセル範囲を指定します。
見つからない場合	検索の結果、値が見つからない場合に表示する文字列を「"」(ダブルクォーテーション)ではさんで指定します。省略もできます。
一致モード	検索値との一致の程度を指定します(171ページ左上の表参照)。省略すると「0」(完全一致する値を検索)が指定されます。

検索モード　　　　　検索方法を指定します（下の表右側参照）。省略
　　　　　　　　　　すると「1」（先頭から末尾に向かい値を検索）が
　　　　　　　　　　指定されます。

一致モード

指定値	内容
0	完全一致する値を検索
-1	完全一致する値がない場合、次に小さい値を検索
1	完全一致する値がない場合、次に大きい値を検索
2	検索値にワイルドカードを利用

検索モード

指定値	内容
1	先頭から末尾に向かい値を検索
-1	末尾から先頭に向かい値を検索
-2	昇順に並べ替えた検索範囲を検索
2	降順に並べ替えた検索範囲を検索

検索値を検索して値を調べる

=XLOOKUP(F2,A2:A10,B2:B10)

F2セルの値をA2からA10セルの範囲から検索し、該当したらB2セルから
B10セルの範囲の同じ行の値を調べる

商品コードと一致する品名が表示された

F2　　　品名を調べたい商品コードが入力されているセルを指定しま
　　　　　す。スピル機能（180ページ参照）で指定し、自動表示させるこ
　　　　　ともできます。

A2:A10　「商品コード」が入力されている表の列をセル範囲で指定します。

B2:B10　「品名」が入力されている表の列をセル範囲で指定します。

※「見つからない場合」「一致モード」「検索モード」は省略

=XLOOKUP(F2,商品表[商品コード], 商品表[[品名]:[在庫数]])

F2セルの値をテーブル「商品表」の見出し「商品コード」の列の範囲から検索し、該当したらテーブル「商品表」の見出し「品名」から「在庫数」の範囲の値を調べる

商品コードと一致する品名、単価、在庫数が表示された

F2	品名、単価、在庫数を調べたい商品コードが入力されているセルを指定します。スピル機能で指定し、自動表示させることもできます。
商品表[商品コード]	「商品コード」が入力されている表の列をテーブル名(商品表)と見出し名(商品コード)で指定します。
商品表[[品名]:[在庫数]]	2つ目の引数が該当する場合に同じ行の表示させたいセルの列のテーブル(商品表)と見出し(品名、単価、在庫数)を指定します。

※「見つからない場合」「一致モード」「検索モード」は省略

ここでは、3つ目の引数「戻り範囲」でスピル機能を活用しています

167ページのように別のシートの表やテーブルを指定することもできます

=XLOOKUP(G2,A3:A6,XLOOKUP (G3,B2:D2,B3:D6))

G2セルの値を**A3セルからA6セルの範囲**から検索し、該当したら「G3セルの値をB2セルからD2セルの範囲から検索」して該当したセルと交わる値を調べる

G5		fx	=XLOOKUP(G2,A3:A6,XLOOKUP(G3,B2:D2,B3:D6))					
	A	B	C	D	E	F	G	H	I
1	北関東第3四半期売上							
2	支社名	10月	11月	12月		支社名	水戸支社	
3	宇都宮支社	100,000	280,000	300,000		月	11月	
4	水戸支社	230,000	100,000	160,000				
5	高崎支社	90,000	120,000	110,000		売上金額	100,000	
6	前橋支社	100,000	220,000	410,000				

> 支社名と月が交わる売上金額が表示された

G2 1つ目の検索値が入力されているセルを指定します。

A3:A6 1つ目の検索値が入力されている表の列をセル範囲で指定します。

XLOOKUP(G3,B2:D2,B3:D6)

2つ目の検索値とそれが入力されている表の列をセル範囲で指定します。XLOOKUP関数を組み合わせています。

※「見つからない場合」「一致モード」「検索モード」は省略

Stepup 検索値に該当するセル範囲の合計を調べる

検索値に該当するセル範囲の合計を調べたい場合は、SUM関数（58ページ参照）を組み合わせます。たとえば上の例で水戸支社の10～12月の売上高を調べたい場合は、以下の数式を利用します。

=SUM(XLOOKUP(G2,A3:A6,B3:D6))

指定したセル以外の編集を防ぐ

複数のメンバーとファイルを共有しているときなどに、指定したセル以外は編集されないようにするには、「シートの保護」を設定します。「シートの保護」をそのまま設定すると、シートのすべてのセルが編集できなくなってしまうので、先に指定するセルだけのロックを解除し、そのあとにシートを保護します。そうすることで、特定のセルだけが編集可能となり、ほかのセルは編集できなくなります。

1 編集してもよいセルを選択し、[Ctrl]を押しながら[1]を押します。

2 [セルの書式設定] 画面表示されるので、[保護] タブをクリックし、「ロック」をオフにして、

3 [OK] をクリックします。

4 [校閲] タブの [保護] グループにある [シートの保護] をクリックし、

5 [シートの保護] 画面で「シートとロックされたセルの内容を保護する」がオンになっているのを確認して、

6 [OK] をクリックします。

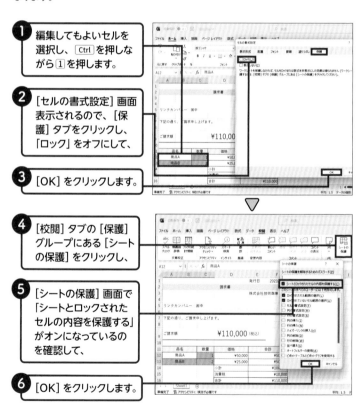

Appendix

関数を
もっと使いこなそう

関数をもっと使いこなそう

1 ワイルドカードであいまいな文字列を検索する

Excel関数で文字列を検索するときに、検索値があいまいな場合は、ワイルドカードの利用が便利です。ワイルドカードは、あいまいな条件で文字列を検索するときに利用するもので、任意の文字を代替するための記号です。すべての関数で使えるわけではありませんが、MATCH関数（100ページ参照）やSUMIF／COUNTIF関数（148ページ参照）、VLOOKUP関数（156ページ参照）、XLOOKUP関数（170ページ参照）などで利用できます。

なお、Excelでは「*」と「?」のワイルドカードが利用できます。「*」は任意の文字列を代替し、文字数の制限はありません（0も含む）。一方の「?」は任意の1文字を代替します。

ワイルドカード利用例

記述例	一致例
川	山川村、糸魚川市役所、越後川口SA、川島、川口健一、旭川、阿武隈川
*川	旭川、阿武隈川
川*	川島、川口健一
た*き	たまき、たぬき、たこやき、たまごやき
?丼	牛丼、天丼
カフェ??	カフェオレ、カフェラテ
?リス*	バリスタ、キリスト教、アリス

「*」や「?」を文字列として
利用するには、
「~」（半角のチルダ）を
付けます

② 戻り値の数値を貼り付ける

戻り値のセルをコピーし、ほかのセルに貼り付けると、コピー元に設定されている書式と入力されている数式が貼り付けられてしまい、目的とは違う値が表示されることがあります。このような場合は、貼り付け先で[**貼り付けのオプション**]（🗋）をクリック、または[Ctrl]を押して貼り付ける内容を選択しましょう。コピー先の書式と数値をそのまま表示させたい場合は、[値と元の書式]を選択します。

D7セルをコピーして貼り付けたらエラーが出た

❶ 貼り付け後、[Ctrl] を押す、または[貼り付けのオプション]（🗋(Ctrl)▾）をクリックし、

❷ [値の貼り付け]の表示させたい形式（ここでは[値と元の書式]（🖌））をクリックすると、

❸ 値と元のセルに設定されている書式が貼り付けられます。

「貼り付けのオプション」の「値の貼り付け」について

アイコン	名前	内容
🗋123	値	戻り値が貼り付けられる
🖌123	値と数値の書式	戻り値と表示形式が貼り付けられる
🖌	値と元の書式	コピー元の書式のまま戻り値が貼り付けられる

Excel関数では、**算術演算子**（28ページ参照）、**比較演算子**（130ページ参照）、**テキスト連結演算子**（下の表参照）、**参照演算子**（下の表参照）の4種類が利用されます。いずれの演算子の記号も必ず半角で入力します。

テキスト連結演算子と参照演算子

テキスト連結演算子	意味	例
&	文字列を結合	"合計"&A1&"円"

参照演算子	意味	例
:	セル範囲の区切り	A1:F1
,	複数セル参照の区切り	A1,D1
（半角空き）	複数のセル範囲に共通するセルを参照するときの区切り	A1:C5 B3:E5
#	スピルされた範囲を参照	A5#
@	数式内の共通部分を示す	@A1:A5

Memo

4種類の演算子の優先順位

数式内で複数の演算子を利用する場合、優先順位の高いものから計算されます。同順位の演算子が含まれている場合は、左の演算子から順番に計算されます。

優先度1
参照演算子　　　　　「：」、「，」、「（半角空き）」、「#」、「@」
優先度2
負の値　　　　　　　「-1」など
優先度3～6
算術演算子の優先度と同じ（28ページ参照）
優先度7
テキスト連結演算子　「&」
優先度8
比較演算子　　　　　「=」、「>」、「<」、「>=」、「<=」、「<>」

④「条件付き書式」に関数を設定する

指定した条件を満たすセルに対してあらかじめ設定した文字色や背景色などの書式を自動的に変更する「**条件付き書式**」機能とExcel関数を組み合わせると、より複雑な条件の設定ができるようになります。

ここでは、B、C、D列すべての値が200000以上の行のセルの背景色を変更する設定を行います。入力する関数は、以下の数式です。

=AND($B2>=200000,$C2>=200000, $D2>=200000)

❶ 「条件付き書式」機能を設定したいセルを選択します。[ホーム] タブの [スタイル] グループにある [条件付き書式] をクリックし、[新しいルール] をクリックします。[新しい書式ルール] 画面が表示されます。

❷ [数式を使用して、書式設定するセルを決定] をクリックして選択し、

❸ 関数を入力して、

❹ [書式] をクリックして書式を設定したら、

❺ [OK] をクリックします。

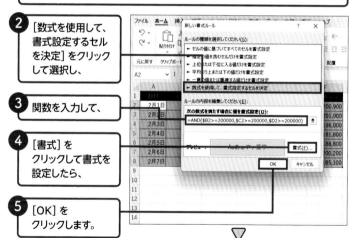

❻ 条件に合った行の背景色が自動的に変更されます。

	A	B	C	D	E	F
1	日付	ルート	カレンジ	イズミヤ	イトーマ	イルクシ
2	2月1日	300,200	231,000	201,400	182,000	200,900
3	2月2日	281,100	221,000	201,900	171,000	201,900
4	2月3日	322,000	219,000	199,400	183,100	196,000
5	2月4日	298,000	191,000	192,000	190,000	191,800
6	2月5日	271,600	209,000	189,800	186,000	188,800
7	2月6日	299,900	230,000	200,000	140,000	200,200
8	2月7日	311,200	201,000	199,400	195,000	185,100

スピル機能について知ろう

1 スピルとは？

スピルとは、「あふれる」「こぼれる」の意味をもつ「spill」から来ているExcelの機能です。数式を入力したセルだけでなく、そのセルに隣接している指定したセルにも数式の結果を表示することができ、Excel 2021の新機能として追加されました。

	A	B	C	D	
1	品名	単価	個数	金額	入力する
2	ラーメン	550	3	1650	
3	うどん	400	2	800	スピル機能で自動入力される
4	そば	400	4	1600	
5	かつ丼	650	3	1950	
6					

D2セルに「 =B2:B5*C2*C5 」という数式を入れるとスピルされ、D3～D5セルにも結果が表示されます

以前のExcelでは戻り値を表示させたい複数のセルをあらかじめ選択し、配列数式（「A1:A5*1.5」のように、単価や数量といった特定の同要素の隣接したセルを範囲で設定して計算する数式）を入力して Ctrl を押しながら Shift と Enter を押して設定する必要がありました。それに対しスピルの利用できるExcelでは、1つのセルに数式を入力するだけで、複数のセルに計算結果を自動的に表示することができます。

② スピルの特徴

スピルの主な特徴は以下になります。

1. 自動表示されるセルは、空白でなければならない。
   ※何か入力されていると、「#スピル!」のエラーが表示される
   （92ページ、189ページ参照）
2. スピルに関するセルを選択すると、セルが強調表示される
3. 数式を入力していないがスピルにより計算結果が表示されるセルのことを「ゴースト」といい、数式バーにはグレー色で数式が表示される

D2			fx	=B2:B5*C2:C5	
	A	B	C	D	E
1	品名	単価	個数	金額	
2	ラーメン	550	⚠ 3	#スピル!	
3	うどん	400	2	―	
4	そば	400	4		
5	かつ丼	650	3		
6					
7					
8					

自動表示されたセルにあとから何か入力しても、エラーが表示されます

D3			fx	=B2:B5*C2:C5	
	A	B	C	D	E
1	品名	単価	個数	金額	
2	ラーメン	550	3	1650	
3	うどん	400	2	800	
4	そば	400	4	1600	
5	かつ丼	650	3	1950	
6					
7					
8					

D3セルを選択すると数式バーにゴーストが表示されますが、数式を編集することはできません

③ スピルを使って計算する

**❶ 数式を入力する
セルを選択し、**

D2				f_x		
	A	B	C	D	E	F
1	品名	単価	個数	金額		
2	ラーメン	550	3			
3	うどん	400	2			
4	そば	400	4			
5	かつ丼	650	3			
6						
7						

**❷ スピルを使った
数式を入力して、**

❸ Enter を押すと、

DATE				f_x	=B2:B5*C2:C5	
	A	B	C	D	E	F
1	品名	単価	個数	金額		
2	ラーメン	550	3	=B2:B5*C2:C5		
3	うどん	400	2			
4	そば	400	4			
5	かつ丼	650	3			
6						
7						

**❹ 入力したセルと隣接
する指定したセル
に、計算結果が
表示されます。**

D3				f_x	=B2:B5*C2:C5	
	A	B	C	D	E	F
1	品名	単価	個数	金額		
2	ラーメン	550	3	1650		
3	うどん	400	2	800		
4	そば	400	4	1600		
5	かつ丼	650	3	1950		
6						
7						

Hint

スピル非対応の Excel と互換性を持たせる

計算式で「=」の後ろに「@」を入れると、スピルを無効化することができ、スピルに対応していない Excel でもエラーにならずに開くことができます。また、スピルを含む数式の入ったセルをダブルクリックし、Ctrl を押しながら Shift と Enter を押すと、配列数式（180 ページ参照）に変換されます。

④ 関数でスピルを使う

例1：IF関数

=IF(D3:D8>150000,"達成","")

D3セルからD8セルの値が150000より大きい場合は「達成」と表示させ、そうでない場合は何も表示しない

条件を満たしていると「達成」が表示される

例2：VLOOKUP関数

=VLOOKUP(F2:F4,$A$2:$D$10,2,FALSE)

F2セルからF4セルの値をA2セルからD10セルの範囲の表に一致するものがあるか検索し、該当したら表の2列目の値を求める

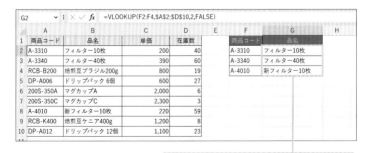

商品コードと一致する品名が表示された

03 エラーが表示されたら

1 エラーの原因を探る

入力した関数の引数や数式に誤りがあると、「#NAME?」や「#VALUE!」のように
エラー値が表示されます。表示されるエラー値の種類を確認することで、
どのような間違いをしたかを探ることができます。

エラーになったセルには、セルの左上隅に「**エラーインジケーター**」と呼ばれ
る緑色の三角マークが表示されます。エラーインジケーターが表示されたセ
ルを選択すると、[**エラートレース**]（⚠）が表示され、これをクリックするとどの
ようなエラーなのかがわかり、エラーの対処を選択することができます。

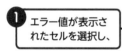

① エラー値が表示さ
れたセルを選択し、

② [エラートレース]
（⚠）をクリックし
ます。

	A	B	C	D	E
	D3		fx	=YEAR(C3)	
1	クラブ会員リスト				
2	氏名	会員番号	入会日	入会年	
3	大野雄大	S-103	2022年1月 ⚠	#VALUE!	
4	佐野菜月	S-121	2021/1/29	2021	
5	知野葵	S-149	2022/3/5	2022	
6	市川 篤郎	S-160	2022/3/21	2022	
7	小柴 佐智	S-172	2020/12/29	2020	
8	山野 信也	S-198	2021/6/4	2021	

▽

③ メニューのいちばん
上にエラーの内容
が表示されます。

	A	B	C	D	E
	D3		fx	=YEAR(C3)	
1	クラブ会員リスト				
2	氏名	会員番号	入会日	入会年	
3	大野雄大	S-103	2022年1月 ⚠	#VALUE!	
4	佐野菜月		値のエラー		2021
5	知野葵		このエラーに関するヘルプ(H)		2022
6	市川 篤郎		計算の過程を表示する(C)		2022
7	小柴 佐智		エラーを無視する(I)		2020
8	山野 信也		数式バーで編集(F)		2021
9			エラー チェック オプション(Q)...		

Appendix

04 無視したエラーを再表示しよう

1 無視したエラーをリセットする

エラートレース（184ページ参照）のメニュー［エラーを無視する］をクリックすると、エラーインジケーターやエラートレースを非表示にすることができます（エラー値は表示されたままです）。もう一度エラーを表示させたいという場合には、［Excelのオプション］画面から設定を行います。

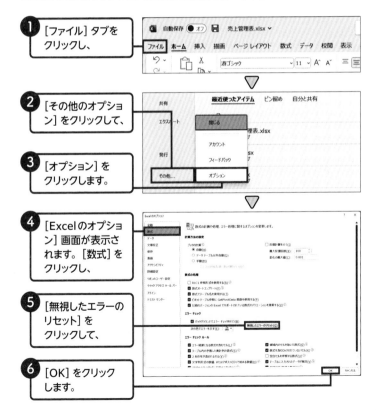

1 ［ファイル］タブをクリックし、

2 ［その他のオプション］をクリックして、

3 ［オプション］をクリックします。

4 ［Excelのオプション］画面が表示されます。［数式］をクリックし、

5 ［無視したエラーのリセット］をクリックして、

6 ［OK］をクリックします。

エラー値の意味と
解決法を理解しよう

主なエラー値の意味と解決方法

❶#NAME?

「#NAME?」(ネーム)は、関数の名前を間違えて入力すると表示されます。また、利用しているExcelに対応していない関数を入力することでも表示されます。

数式を修正し、正しい関数名を入力すると、エラーは消えます。

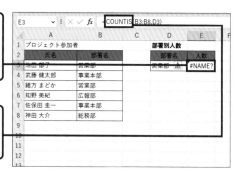

❶ 関数名が間違っているため、「#NAME?」が表示されています。

❷ 数式内の関数名を修正すると、エラーが消えます。

Memo

エラー 「#######」 の意味と解決法

列の幅が狭く、値がすべて表示できないときに「#######」が表示されます。TODAY関数(76ページ参照)など、日付を表示させるときに出ることがあります。

このエラーが表示されたら、列幅を広くすると、エラーが消えます。

❷ #DIV/0!

「#DIV/0!」（ディバイド・パー・ゼロ）は、**割り算の割る数に0や空白セルを指定**すると表示されるエラー値です。たとえばMOD関数（70ページ参照）の引数に0が入力されているセルが指定されている場合などに表示されます。

参照セルの入力値を1以上にして割り算をできるように修正すると、エラーは消えます。

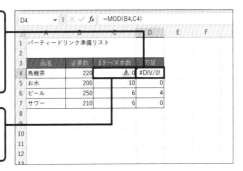

① 割り算の割る数に0が指定されているため、「#DIV/0」が表示されています。

② C4セルの値を1以上にすると、エラーが消えます。

❸ #REF!

「#REF!」（リファレンス）は、数式で参照先の**セルが存在しない場合**に表示されるエラー値です。参照していた列を削除してしまったときや、INDEX関数（98ページ参照）やVLOOKUP関数（156ページ参照）で指定する列番号が範囲と合わなかったときなどに表示されます。また、「#REF!」が表示されているセルを参照することでも、「#REF!」は出てしまいます。

数式を修正し、参照元を正しく指定すると、エラーは消えます。

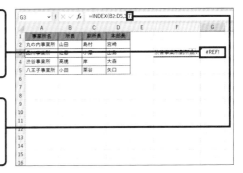

① INDEX関数で列番号が範囲外のため、「#REF!」が表示されています。

② 数式内の列番号を範囲内に修正すると、エラーが消えます。

❹ #VALUE!

「#VALUE!」（バリュー）は、数式で参照先の**セルの値**が間違っている場合に表示されるエラー値です。数値が入っているべきセルに文字列が入っていたり、数値の前後にスペースが入っていたりすると表示されます。
参照セルに正しい値を入力すると、エラーは消えます。

❶ YEAR関数（78ページ参照）での参照セルに文字列が入力されているため、「#VALUE!」が表示されています。

	A	B	C	D
1	クラブ会員リスト			
2	氏名	会員番号	入会日	入会年
3	大野雄大	S-103	2022年1月⚠日	#VALUE!
4	佐野菜月	S-121	2021/1/29	2021
5	知野葵	S-149	2022/3/5	2022
6	市川 篤郎	S-160	2022/3/21	2022
7	小柴 佐智	S-172	2020/12/29	2020
8	山野 信也	S-198	2021/6/4	2021

D3 ✓ : × ✓ fx =YEAR(C3)

❷ C3セルの値に正しい値（ここではシリアル値）を入力すると、エラーが消えます。

❺ #NULL!

「#NULL!」（ヌル）は、数式で参照先の**セル範囲**が間違っている場合に表示されるエラー値です。セル範囲を示す「:」や「,」が抜けていても、エラーが表示されます。
数式を修正し、参照元のセル範囲を正しく指定すると、エラーは消えます。

❶ SUM関数（58ページ参照）で参照セル範囲の指定が間違っているため、「#NULL!」が表示されています。

C6 ✓ : × ✓ fx =SUM(C3 C5)

	A	B	C	D	E
1	支店別売上高				
2	支店番号	支店名	売上金額		
3	J-001	大阪支店	900		
4	J-002	名古屋支店	1,300		
5	J-003	福岡支店	1,100		
6		合計⚠	#NULL!		
7					
8					
9					
10					
11					
12					

❷ 数式内のセル範囲を正しく指定すると、エラーが消えます。

❻ #N/A

「#N/A」(ノーアサイン)は、数式で参照先の**セルが見つからなかったり、空白だったりする**場合に表示されるエラー値です。VLOOKUP関数やXLOOKUP関数(170ページ参照)などで検索値が空白の場合などに表示されます。
参照セルに正しい値を入力すると、エラーは消えます。

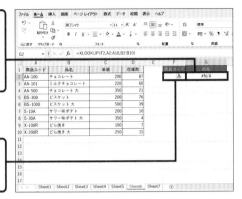

1 XLOOKUP関数で検索値が空白セルのため、「#N/A」が表示されています。

2 F2セルに正しい検索値を入力すると、エラーが消えます。

❼ #スピル!

「#スピル!」は、**スピル機能で自動表示されるセルに別の値が入力されている**場合に表示されます。
入力されている別の値を削除すると、エラーは消えます。

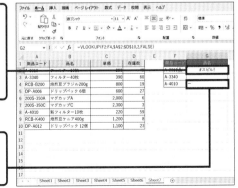

1 スピル機能で自動表示されるセルに値が入力されているため「#スピル!」が表示されています。

2 G4セルの値を削除すると、エラーが消えます。

Index

■ お問い合わせの例

FAX

1 お名前
技評 太郎

2 返信先の住所またはFAX番号
03-××××-××××

3 書名
今すぐ使えるかんたんmini
Excel関数の基本と便利がこれ
1冊でわかる本 [Office 2021/
Microsoft 365両対応]

4 本書の該当ページ
60ページ

5 ご使用のOSとソフトウェアのバージョン
Windows 11
Excel 2021

6 ご質問内容
手順3の操作が完了しない

今すぐ使えるかんたんmini
Excel関数の基本と便利がこれ
1冊でわかる本 [Office 2021/
Microsoft 365両対応]

2023年5月 4日 初版 第1刷発行
2024年7月12日 初版 第2刷発行

著者●リンクアップ
発行者●片岡 巌
発行所●株式会社 技術評論社
　　　　東京都新宿区市谷左内町21-13
　　　　電話　03-3513-6150　販売促進部
　　　　　　　03-3513-6185　書籍編集部
装丁●坂本 真一郎（クオルデザイン）
イラスト●高内 彩夏
本文デザイン●坂本 真一郎（クオルデザイン）
編集／DTP●リンクアップ
担当●落合 祥太朗
製本／印刷●TOPPANクロレ株式会社

定価はカバーに表示してあります。

ISBN978-4-297-13445-7 C3055

Printed in Japan

お問い合わせについて

本書に関するご質問については、本書に記載されている内容に関するもののみとさせていただきます。本書の内容と関係のないご質問につきましては、一切お答えできませんので、あらかじめご了承ください。また、電話でのご質問は受け付けておりませんので、必ずFAXか書面にて下記までお送りください。
なお、ご質問の際には、必ず以下の項目を明記していただきますようお願いいたします。

1 お名前
2 返信先の住所またはFAX番号
3 書名
　　（今すぐ使えるかんたんmini
　　Excel関数の基本と便利がこれ1冊でわかる本
　　[Office 2021/Microsoft 365両対応]）
4 本書の該当ページ
5 ご使用のOSとソフトウェアのバージョン
6 ご質問内容

なお、お送りいただいたご質問には、できる限り迅速にお答えできるよう努力いたしておりますが、場合によってはお答えするまでに時間がかかることがあります。また、回答の期日をご指定なさっても、ご希望にお応えできるとは限りません。あらかじめご了承くださいますよう、お願いいたします。
ご質問の際に記載いただきました個人情報は、回答後速やかに破棄させていただきます。

問い合わせ先

〒162-0846
東京都新宿区市谷左内町21-13
株式会社技術評論社　書籍編集部
今すぐ使えるかんたんmini
Excel関数の基本と便利がこれ1冊でわかる本
[Office 2021/Microsoft 365両対応]
質問係

FAX番号　03-3513-6181

URL：https://book.gihyo.jp/116